Wissenschaftliche Taschenbücher

WTB

Mathematik · Physik

Dietrich Stoyan
Joseph Mecke

Stochastische Geometrie

Akademie-Verlag · Berlin

DIETER LEUSCHNER
Grundbegriffe der Thermodynamik

WOLFGANG MEILING
Digitalrechner
in der elektronischen Meßtechnik
Teil 1: Meßmethodik
Teil 2: Gerätetechnik
und Anwendungen

DIETER MICHEL
Grundlagen und Methoden
der kernmagnetischen Resonanz

L. I. MIROSCHNITSCHENKO
Kosmische Strahlung
im interplanetaren Raum

GERNOT NEUGEBAUER
Relativistische Thermodynamik

VOLKER NOLLAU
Semi-Markovsche Prozesse

PETER PAUFLER
Phasendiagramme

PETER PAUFLER
GUSTAV E. R. SCHULZE
Physikalische Grundlagen
mechanischer Festkörpereigenschaften
Teil I und II

ULRICH RÖSEBERG
Quantenmechanik und Philosophie

ALBRECHT ROST
Messung
dielektrischer Stoffeigenschaften

J. V. SAČKOV
Wahrscheinlichkeit und Struktur

E. M. SAWIZKI
Perspektiven der Metallforschung

WOLFGANG SCHÄFER
Theoretische Grundlagen
der Stabilität technischer Systeme

VOLKMAR SCHURICHT
Fusionsreaktoren und Umwelt

VOLKMAR SCHURICHT
Kernexplosionen für friedliche Zwecke

HUBERTUS STOLZ
Supraleitung

WERNER STOLZ
REINHOLD BERNHARDT
Dosimetrie ionisierender Strahlung

WOLFGANG BLEI
Erkenntniswege
zur Erd- und Lebensgeschichte

Festkörperphysik
Entwicklungstendenzen und
Anwendungsmöglichkeiten

Das Neutron
Eine Artikelsammlung

HANS-GEORG SCHÖPF
Von Kirchhoff bis Planck

Die Schöpfer der physikalischen Optik
Eine Artikelsammlung

HORST MELCHER
Albert Einstein wider Vorurteile
und Denkgewohnheiten

HELMUT FRIEMEL / JOSEF BROCK
Grundlagen der Immunologie

EBERHARD HOFMANN
Funktionelle Biochemie des Menschen
Band 1 und 2

LOTHAR JÄGER
Grundlagen
der Klinischen Immunologie

KARLHEINZ LOHS
DIETER MARTINETZ
Entgiftung — Mittel, Methoden
und Probleme

JOACHIM NITSCHMANN
Entwicklung bei Mensch und Tier

EBERHARD TEUSCHER
Pharmakognosie
Teil I–III

KLAUS BUDDE / HELMUT BULLE
HELMUT RÜCKAUF
Stöchiometrie
chemisch-technologischer Prozesse

KLAUS DITTRICH
Atomabsorptionsspektroskopie

WERNER DÖPKE
Dynamische Aspekte der Stereochemie
organischer Verbindungen

FALKO H. HERRMANN
MARTINA CH. HERRMANN
Das Hämoglobin des Menschen

HANS LUPPA
Grundlagen der Histochemie
Teil I und II

JOACHIM SCHUPPAN
Theorie und Methoden
der Konduktometrie

JOACHIM SCHUPPAN
Anwendungen der Konduktometrie

WOLFGANG WAGNER
Chemische Thermodynamik

AUTORENKOLLEKTIV
Reaktive Zwischenstufen
in der organischen Chemie

Vorschau
auf die nächsten Bände:

ROLAND GLASER
Grundriß der Biomechanik

PETER HALLPAP
DIETER STADERMANN
Stereochemie
organisch-chemischer Reaktionen

PETER HELLMOLD
Hochtemperaturreaktionen

ARTUR LÖSCHE
Molekülphysik

HANS NEUMANN / KURT STECKER
Temperaturmessung

PETER NUHN / HANS-JÖRG HOFMANN
Molekulare Wirkungsmechanismen
von Pharmaka

ROBERT ROMPE
HANS-JÜRGEN TREDER
Zur Grundlegung
der theoretischen Physik

WERNER SCHOENBORN
KLAUS FRITZSCH / GERD STANKE
Lernverfahren für technische Systeme

GEORGE L. TRIGG
Experimenta crucis
in der modernen Physik

WTB

Band 275

Dietrich Stoyan
Joseph Mecke

Stochastische Geometrie

Eine Einführung

Mit 12 Abbildungen und 4 Tabellen

AKADEMIE-VERLAG · BERLIN

Reihe MATHEMATIK UND PHYSIK

Herausgeber:

Prof. Dr. phil. habil. W. Holzmüller, Leipzig
Prof. Dr. phil. habil. A. Lösche, Leipzig
Prof. Dr. phil. habil. H. Reichardt, Berlin
Prof. Dr. rer. nat. habil. H.-J. Treder, Caputh

Verfasser:

Prof. Dr. Joseph Mecke
Friedrich-Schiller-Universität Jena
DDR-6900 Jena, Universitätshochhaus

Dr. Dietrich Stoyan
Bergakademie Freiberg
DDR-9200 Freiberg, Bernhard-v.-Cotta-Str. 2

1983
Erschienen im Akademie-Verlag, DDR-1086 Berlin, Leipziger Straße 3–4

Lizenznummer: 202 · 100/408/83
Printed in the German Democratic Republic
Gesamtherstellung: VEB Druckhaus „Maxim Gorki", 7400 Altenburg
Lektor: Dr. Reinhard Höppner
LSV 1074
Bestellnummer: 763 137 9 (7275)
DDR 12,50 M
ISSN 0084-098X

Vorwort

In der Natur, Technik und Wissenschaft begegnet man häufig geometrischen Mustern, die so kompliziert sind, daß sie zu einer statistischen Beschreibung herausfordern. Man denke z. B. an die Verteilung von Wald und Feld in der Landschaft, an die Anordnung der Bäume in Wäldern, an geologische Strukturen, poröse Medien, Festkörperstrukturen oder biologische Gewebe. Um entsprechendes Beobachtungsmaterial auswerten zu können, ist es erforderlich, geeignete mathematische Modelle bereitzustellen und zugehörige statistische Methoden zu entwickeln. Für die mathematische Forschungsrichtung, die sich mit derartigen Problemen befaßt, hat sich die Bezeichnung „ stochastische Geometrie" eingebürgert. Sie umfaßt die Theorie der „geometrischen Wahrscheinlichkeiten", deren Entwicklung vor rund zweihundert Jahren durch das Nadelproblem von Buffon angeregt wurde. Vereinfacht könnte man sagen, daß in der Theorie der geometrischen Wahrscheinlichkeiten Aufgaben studiert werden, die sich auf endlich viele geometrische Objekte fester Gestalt beziehen, deren Positionen vollständig unabhängig und in einem gewissen Sinne gleichmäßig verteilt sind. In der modernen stochastischen Geometrie, die durch D. G. Kendall, K. Krickeberg und R. E. Miles begründet wurde, werden darüber hinausgehend zufällige geometrische Muster untersucht, für die kompliziertere Verteilungen zugelassen sind und die unendlich ausgedehnt sein können. Mit einer speziellen Fragestellung beschäftigt sich das Teilgebiet der Stereologie: Aus ebenen oder linearen Schnitten sollen Aussagen über gegebene dreidimensionale Strukturen abgeleitet werden.

Unser Hauptanliegen besteht darin, Ergebnisse und Methoden der stochastischen Geometrie auch Anwendern zu erschließen. Zugleich soll die Darstellung mathematisch exakt sowie hinreichend allgemein sein und den neueren Stand der Forschung berücksichtigen, um auch anspruchsvollen Mathematikern eine orientierende Einführung in die stochastische Geometrie zu liefern. Aus dieser schwierigen Zielstellung und der begrenzten Seitenzahl erklären sich viele Besonderheiten des vorliegenden Werkes, die zum Teil den Charakter komplizierter Kompromisse haben. Auf Beweise mußte weitgehend verzichtet werden; erhebliche Inhomogenitäten wurden zugelassen: Wir behandeln die einzelnen Probleme verschieden tiefgründig, teilweise ergänzen Zahlenbeispiele die Darlegungen, manche Ergebnisse werden lediglich angegeben, andere mit heuristischen Überlegungen plausibel gemacht, an mehreren Stellen müssen umfangreiche Wissensgebiete mit wenigen Bemerkungen und Literaturhinweisen abgetan werden. Wir bemühen uns, die anschaulichen und inhaltlichen Hintergründe der mathematischen Begriffsbildungen zu verdeutlichen, um dem Leser das Verständnis zu erleichtern und den Weg zu weitergehendem Literaturstudium zu ebnen. Daher hoffen wir, daß Anwender, die sich mit bestimmten mathematischen Argumentationen nicht mit letzter Gründlichkeit auseinandersetzen möchten, trotzdem die meisten Formeln richtig interpretieren und anwenden können.

Eine kurze Einführung in Gebiete der höheren Mathematik, mit denen Naturwissenschaftler und Ingenieure in der Regel nicht vertraut sind, wird im ersten Kapitel gegeben. (Für ein gründlicheres Studium empfehlen wir die Bücher [1, 9, 34, 36, 53, 56, 92, 93].) Vorausgesetzt wird die Kenntnis der Grundlagen der Wahrscheinlichkeitstheorie und Statistik.

Durchweg wird die Terminologie der Mathematiker verwendet, die historisch bedingt ist. So sprechen wir von „Punktprozessen" und „Geradenprozessen", obwohl keine zeitlichen Vorgänge gemeint sind (u. U. mit Ausnahme von Punktprozessen auf der reellen Achse); stets meinen wir „zufälliger Prozeß", wenn wir das Wort „Prozeß" gebrauchen. Die Bezeichnungen „zufälliges Punktfeld" und „zufälliges Geradenfeld" würden von Anwendern vermutlich vorgezogen werden. Wir behandeln in den Kapiteln 5 bis 8 eine Reihe praktisch und theoretisch wichtiger stochastischer Modelle, insbesondere das Boolesche Modell, verschiedene Punktprozeßmodelle, Geradenprozesse und zufällige Mosaike. Diese Modelle lassen sich mit Begriffsbildungen beschreiben und untersuchen, die der Theorie der zufälligen abgeschlossenen Mengen, der Punktprozesse und zufälligen Maße entstammen und in den Kapiteln 2 bis 4 zusammengestellt sind. In einigen Fällen werden statistische Verfahren angegeben, mit deren Hilfe Modellparameter an konkretes Beobachtungsmaterial angepaßt werden können.

Es muß gesagt werden, daß auf dem Gebiet der Statistik für geometrische Strukturen noch viel Forschungsarbeit zu leisten ist; beispielsweise weiß man über die Verteilungen der meisten im Buch vorkommenden Schätzer bisher nur wenig.

Das Literaturverzeichnis haben wir für dieses Taschenbuch bewußt klein gehalten, wobei wir Bücher, zusammenfassende Darstellungen und typische Arbeiten bevorzugten und stärker mathematisch orientierte Abhandlungen weniger berücksichtigten. Eine wichtige Quelle für weitere Literatur ist die Serie der "Notes on recent research in geometrical probability" (vgl. z. B. [6]).

Unser Anteil an den einzelnen Kapiteln ist unterschiedlich; die Endfassung der Kapitel 1, 4, 7 und 8 erfolgte durch J. Mecke, die der Kapitel 2, 3, 5, 6 und 9 durch D. Stoyan. Während der Arbeit am Manuskript unterstützten uns durch viele nützliche Hinweise und anregende Diskussionen unsere Kollegen K.-H. Hanisch, W. Nagel, J. Ohser, P. Schatte und H. Stoyan; D. König las das fertige Manuskript und machte eine Reihe wertvoller Verbesserungsvorschläge; hierfür danken wir ihnen sehr herzlich. Ferner sind wir vielen Fachkollegen zu Dank verpflichtet, die uns Sonderdrucke und Preprints schickten. Insbesondere seien genannt D. G. Kendall und seine Schüler P. J. Diggle und B. D. Ripley, B. Matérn sowie J.-P. Serra und dessen Mitarbeiter. Schließlich danken wir dem Akademie-Verlag für die Aufnahme des Buches in diese Reihe und R. Höppner, unserem Lektor, für die vertrauensvolle und angenehme Zusammenarbeit.

Freiberg und Jena im Frühjahr 1982

Die Autoren

Inhaltsverzeichnis

1. Mathematische Grundlagen

1.1. *Einige Grundbegriffe der Mengenlehre*

Eine (endliche oder unendliche) Gesamtheit (mathematischer) Objekte wird als *Menge* bezeichnet. Als Beispiele seien genannt die Menge $\{1, 2, 3\}$, die aus den Zahlen 1, 2, 3 besteht, die Menge $\{1, 2, \ldots\}$ der natürlichen Zahlen, die Menge $\mathbb{R}$ der reellen Zahlen, die Menge $\mathbb{R}^2$ der Paare reeller Zahlen, die Menge $\mathbb{R}^{\mathbb{R}}$ der reellen Funktionen. Die Objekte x, die zu einer Menge M gehören, nennt man *Elemente* von M und schreibt $x \in M$. Die Menge A heißt *Teilmenge* (Untermenge) von M, in Zeichen $A \subset M$, wenn aus $x \in A$ stets folgt $x \in M$. Man sagt in diesem Fall auch, M sei eine *Obermenge* von A und kann schreiben $M \supset A$. Mit $\emptyset$ wird die sogenannte *leere Menge* bezeichnet, die keine Elemente enthält.

Seien eine feste Grundmenge M und Teilmengen A und $B \subset M$ gegeben. Unter der *Vereinigung* $A \cup B$ von A und B versteht man die Menge der $x \in M$, für die mindestens eine der beiden Relationen $x \in A$, $x \in B$ richtig ist. Die Menge $A \cap B$, die aus allen $x \in M$ besteht, für die sowohl $x \in A$ als auch $x \in B$ gilt, heißt *Durchschnitt* von A und B. Die Menge A^c, die alle $x \in M$ enthält, welche nicht in A liegen, nennt man *Komplement* von A. Unter der *Differenz* der Mengen A und B versteht man die Menge $A \setminus B = A \cap B^c$. Die Menge derjenigen $x \in M$, die eine bestimmte Eigenschaft $\mathscr{E}$ haben, wird durch $\{x \in M\colon x$ hat die Eigenschaft $\mathscr{E}\}$ angeben. Beispielsweise ist $\{x \in \mathbb{R}\colon 0 < x < 4,\ x \text{ ganzzahlig}\}$ gleich der Menge $\{1, 2, 3\}$.

Mit $\{T(x_1, \ldots, x_n)\colon x_1 \in M_1, \ldots, x_n \in M_n\}$ wird die Menge aller Objekte bezeichnet, die durch eine vorgegebene Operation T aus sämtlichen Elementen $x_1 \in M_1, \ldots, x_n \in M_n$ entstehen. Zum Beispiel ist die Menge reeller Zahlen $\{x_1 + x_2\colon x_1, x_2 \in \mathbb{R},\ 1 < x_1 < 2,\ -1 < x_2 < 0\}$ mit der Menge $\{x \in \mathbb{R}\colon 0 < x < 2\}$ identisch.

Gegeben seien Mengen $M_1, \ldots, M_n$. Die Menge aller geordneten n-Tupel $(x_1, \ldots, x_n)$ mit $x_1 \in M_1, \ldots, x_n \in M_n$ wird durch $M_1 \times \cdots \times M_n$ bezeichnet und *kartesisches Produkt* von $M_1, \ldots, M_n$ genannt:

$$M_1 \times \cdots \times M_n = \{(x_1, \ldots, x_n)\colon x_1 \in M_1, \ldots, x_n \in M_n\}.$$

Beispielsweise ist $\mathbb{R}^d$ die Menge aller d-Tupel $(x_1, \ldots, x_d)$ reeller Zahlen $x_1, \ldots, x_d$. Den $\mathbb{R}^2$ werden wir im Sinne der analytischen Geometrie zur Beschreibung der Euklidischen Ebene, den $\mathbb{R}^3$ zur Beschreibung des dreidimensionalen Euklidischen Raumes verwenden.

1.2. Spezielle Mengenoperationen im $\mathbb{R}^d$

Die Elemente des $\mathbb{R}^d$ sollen *Punkte* genannt werden. Der Punkt $o = (0, \ldots, 0)$ heißt *Ursprung*. Im folgenden stehen große lateinische Buchstaben in der Regel für Teilmengen des $\mathbb{R}^d$. Für gegebene Punkte $x = (x_1, \ldots, x_d)$, $y = (y_1, \ldots, y_d) \in \mathbb{R}^d$ und $c \in \mathbb{R}$ bezeichne cx den Punkt $cx = (cx_1, \ldots, cx_d)$ und $x + y$ den Punkt $x + y = (x_1 + y_1, \ldots, x_d + y_d)$. Mit Hilfe der so gewonnenen Rechenoperationen lassen sich neue Mengenoperationen definieren:

Multiplikation mit reellen Zahlen: $cA = \{cx : x \in A\}$, $c \in \mathbb{R}$, $A \subset \mathbb{R}^d$. Für $c = -1$ ergibt sich der Spezialfall der *Spiegelung*: $\check{A} = \{-x : x \in A\}$. Eine Menge $A \subset \mathbb{R}^d$ heißt *symmetrisch*, falls $A = \check{A}$.

Translation: $A_x = A + x = \{y + x : y \in A\}$, $x \in \mathbb{R}^d$.

Minkowski-Addition: $A \oplus B = \{x + y : x \in A, y \in B\}$. Durch die Operation „$\oplus B$" wird die Menge A verschoben und gegebenenfalls zugleich vergrößert (vgl. Abb. 2, S. 37). Die Minkowski-Addition ist assoziativ und kommutativ; außerdem gelten folgende Formeln:

$$A_x = A \oplus \{x\}, \tag{1.1}$$

$$A \oplus B = \bigcup_{y \in B} A_y = \bigcup_{x \in A} B_x, \tag{1.2}$$

$$A \oplus B = \{x : A \cap (\check{B})_x \neq \emptyset\}, \tag{1.3}$$

$$A \oplus (B_1 \cup B_2) = (A \oplus B_1) \cup (A \oplus B_2). \tag{1.4}$$

$$\text{Aus } A_1 \subset A_2 \text{ folgt } A_1 \oplus B \subset A_2 \oplus B.$$

Formel (1.2) besagt, daß $A \oplus B$ die Vereinigung der verschobenen Mengen B_x ist, wobei x ganz A durchläuft. Wenn im $\mathbb{R}^2$ die Menge B beispielsweise der offene Kreis $\mathring{b}(o, r)$ mit dem Radius r und dem Mittelpunkt o ist, so erhält man $A \oplus B$, indem man um jeden

Randpunkt von A einen Kreis vom Radius r legt. Die Vereinigung von A und dem gesamten von den Kreisen überdeckten Gebiet ist dann $A \oplus B$.

Minkowski-Subtraktion: $A \ominus B = (A^c \oplus B)^c$ (vgl. Abb. 2). Im Zusammenhang mit Bildtransformationen studiert man die *Dilatation* $A \to A \oplus \check{B}$ und die *Erosion* $A \to A \ominus \check{B}$ einer Menge A mit der Menge (dem sogenannten strukturierenden Element) B. Aus (1.3) folgt

$$A \oplus \check{B} = \{x : A \cap B_x \neq \emptyset\}, \qquad A \ominus \check{B} = \{x : B_x \subset A\}.$$

Die Minkowski-Subtraktion ist in gewissem Sinne eine Umkehrung der Minkowski-Addition, ohne daß aber allgemein gilt $(A \oplus B) \ominus B = A$. Wenn wie oben B der Kreis $\mathring{b}(o, r)$ ist, so ist $A \ominus B$ diejenige Teilmenge von A, die von keinem Kreis mit dem Radius r um einen Randpunkt von A überdeckt wird.

Im Zusammenhang mit Fragen der Bildauswertung in Abschnitt 2.4 werden Anwendungen dieser Operationen behandelt.

1.3. Topologie im $\mathbb{R}^d$

Abstände zwischen Punkten des $\mathbb{R}^d$ werden mit der *Euklidischen Metrik* ϱ gemessen,

$$\varrho(x, y) = \sqrt{(x_1 - y_1)^2 + \dots + (x_d - y_d)^2}.$$

Die Menge $b(a, r) = \{x \in \mathbb{R}^d : \varrho(x, a) \leqq r\}$ heißt (abgeschlossene) *Kugel* mit Mittelpunkt a und Radius r.

Mit Hilfe der Metrik ϱ werden spezielle Eigenschaften der Mengen $A \subset \mathbb{R}^d$ definiert. Man nennt eine Menge A *beschränkt*, wenn es eine Kugel b gibt mit $A \subset b$. Eine Folge von Punkten $x_1, x_2, \dots$ heißt *konvergent* gegen x, wenn $\lim_{n\to\infty} \varrho(x_n, x) = 0$. Man sagt, eine Menge A sei *offen*, wenn zu jedem $x \in A$ eine positive reelle Zahl r existiert, so daß $b(x, r) \subset A$. Das System aller offenen Mengen des $\mathbb{R}^d$ wird durch $\mathcal{O}$ bezeichnet.[1]) Im Fall $d = 1$ ist jedes offene Intervall $(a, b) = \{x \in \mathbb{R} : a < x < b\}$ eine offene Menge. Beispiele offener Mengen im Fall beliebiger Dimension d sind die Mengen $\{x \in \mathbb{R}^d : \varrho(a, x) < r\}$ (offene Kugel mit Mittelpunkt a und Radius r) und $(a_1, b_1) \times \dots \times (a_d, b_d) = \{(x_1, \dots, x_d) \in \mathbb{R}^d : a_k < x_k < b_k, k = 1, \dots, d\}$ (offener Quader).

---

[1]) Wir verzichten der Einfachheit halber bei $\mathcal{O}$ und weiteren Mengensystemen auf einen Index d; eine Ausnahme bildet die Borelsche σ-Algebra des $\mathbb{R}^d$.

Eine Menge A heißt *abgeschlossen*, wenn $A^c \in \mathcal{O}$. Das System aller abgeschlossenen Mengen wird mit $\mathcal{F}$ bezeichnet. Im Fall $d = 1$ ist jedes abgeschlossene Intervall $[a, b] = \{x \in \mathbb{R}: a \leq x \leq b\}$ eine abgeschlossene Menge. Beispiele abgeschlossener Mengen im Fall beliebiger Dimension d sind die Kugeln $b(a, r)$ und die abgeschlossenen Quader $[a_1, b_1] \times \cdots \times [a_d, b_d]$.

Unter dem offenen Kern $\mathring{A}$ einer Menge A versteht man die Vereinigung aller offenen Teilmengen von A, unter der *abgeschlossenen Hülle* $\bar{A}$ den Durchschnitt aller abgeschlossenen Obermengen von A. In einem gewissen Sinne ist $\mathring{A}$ die größte offene Teilmenge von A und $\bar{A}$ die kleinste abgeschlossene Obermenge von A. Es gilt $\mathring{A} \subset A \subset \bar{A}$ und $\mathring{A} = (\overline{A^c})^c$. Die Menge A ist genau dann offen, wenn $A = \mathring{A}$ und genau dann abgeschlossen, wenn $A = \bar{A}$.

Die Menge $\partial A = \bar{A} \setminus \mathring{A}$ heißt *Rand* von A. Beispielsweise ist der Kugelrand $\partial b(a, r) = \{x \in \mathbb{R}^d: \varrho(a, x) = r\}$ die *Sphäre* mit Mittelpunkt a und Radius r.

Eine Menge $K \subset \mathbb{R}^d$ heißt *kompakt*, wenn sie abgeschlossen und beschränkt ist. Das System aller kompakten Mengen wird mit $\mathcal{K}$ bezeichnet; weiterhin sei $\mathcal{K}' = \mathcal{K} \setminus \{\emptyset\}$. Beispiele kompakter Mengen sind die Kugeln $b(a, r)$ und die abgeschlossenen Quader.

1.4. Euklidische Bewegungen

Abbildungen $x \to x'$ des $\mathbb{R}^d$ auf sich, die den Abstand beliebiger Punktepaare x, y invariant lassen, d. h. $\varrho(x', y') = \varrho(x, y)$ erfüllen, heißen (Euklidische) *Bewegungen*. Man kann zeigen, daß jede Bewegung in der Form

$$x_k' = \sum_{l=1}^{d} a_{kl} x_l + b_k, \qquad k = 1, \ldots, d, \tag{1.5}$$

darstellbar ist, wobei die Matrix $\boldsymbol{A} = (a_{kl})$ orthogonal ist. Für die Determinante $\det \boldsymbol{A}$ folgt insbesondere $\det \boldsymbol{A} = \pm 1$; im Fall $\det \boldsymbol{A} = +1$ spricht man von *eigentlichen* Bewegungen. Wenn $\boldsymbol{A}$ die Einheitsmatrix ist, liegt der Spezialfall der Translation $x' = x + b$ vor. Eigentliche Bewegungen (1.5) mit $b_1 = \ldots = b_d = 0$ heißen *Drehungen* um den Ursprung. Aus (1.5) folgt, daß jede eigentliche Bewegung der Hintereinanderausführung einer Drehung um den Ursprung und einer Translation entspricht.

1.5. Konvexe Mengen im $\mathbb{R}^d$

Eine Teilmenge K des $\mathbb{R}^d$ heißt *konvex*, wenn für je zwei Punkte $x, y \in K$ auch deren Verbindungsstrecke ganz in K liegt, d. h., $cx + (1 - c)\, y \in K$; $0 \leqq c \leqq 1$.

Wichtige Beispiele konvexer Mengen sind die *linearen Mannigfaltigkeiten*, das sind Mengen $L \subset \mathbb{R}^d$ mit der Eigenschaft, daß für beliebige Punktepaare $x, y \in L$ auch deren Verbindungsgerade ganz in L liegt, d. h. $cx + (1 - c)\, y \in L$; $c \in \mathbb{R}$. Unter der *Dimension* r der linearen Mannigfaltigkeit L versteht man die kleinste Zahl s mit der Eigenschaft, daß sich L darstellen läßt in der Form $L = \{c_1 z_1 + \dots + c_{s+1} z_{s+1}\colon c_1, \dots, c_{s+1} \in \mathbb{R},\ c_1 + \cdots + c_{s+1} = 1\}$ für passend gewählte Punkte $z_1, \dots, z_{s+1} \in L$. Lineare Mannigfaltigkeiten der Dimension r werden *r-Ebenen* genannt. Die $(d - 1)$-Ebenen bezeichnet man auch als *Hyperebenen*, die 1-Ebenen als *Geraden*. Im $\mathbb{R}^3$ werden die Hyperebenen einfach *Ebenen* genannt. Die Hyperebenen des $\mathbb{R}^2$ sind die Geraden des $\mathbb{R}^2$.

Die r-Ebenen sind zwar abgeschlossen, aber unbeschränkt und damit nicht kompakt. Konvexe Mengen, die außerdem kompakt sind, heißen *Eikörper*. Als Beispiele solcher Eikörper seien abgeschlossene Kugeln, abgeschlossene beschränkte Quader, *Segmente* $s(x, y) = \{cx + (1 - c)\, y\colon 0 \leqq c \leqq 1\}$, $x, y \in \mathbb{R}^d$, und abgeschlossene Kreisscheiben (Schnitt einer abgeschlossenen Kugel mit einer 2-Ebene) genannt. Mit $C(\mathcal{K})$ werde das System aller Eikörper bezeichnet. Im Fall $d = 1$ fällt $C(\mathcal{K})$ mit dem System aller beschränkten abgeschlossenen Intervalle zusammen. Wenn $d = 2$ ist, können wir statt Eikörper auch *Eibereich* sagen. Offene Kugeln und offene Quader sind konvex, gehören aber nicht zu $C(\mathcal{K})$. Sphäre $\{x \in \mathbb{R}^d\colon \varrho(x, a) = r\}$ und Torus sind nicht konvex.

Es gibt Mengenoperationen, die die Eigenschaft der Konvexität nicht zerstören. Insbesondere gilt für $K_1, K_2 \in C(\mathcal{K})$, $c \in \mathbb{R}$, daß auch cK_1 (speziell $\check{K}_1$), $K_1 \cap K_2$ und $K_1 \oplus K_2$ zu $C(\mathcal{K})$ gehören.

Unter einem *Eikörperfunktional* versteht man eine reellwertige Funktion h auf $C(\mathcal{K})$, d. h. eine Funktion, die jedem Eikörper K eine reelle Maßzahl $h(K)$ zuordnet. Uns interessieren nur nichtnegative Eikörperfunktionale, die die folgenden Eigenschaften haben:

Bewegungsinvarianz: $h(\mathfrak{m}K) = h(K)$; $K \in C(\mathcal{K})$, $\mathfrak{m}$ Bewegung des $\mathbb{R}^d$.

Monotonie: Aus $K_1 \subset K_2$ folgt stets $h(K_1) \leqq h(K_2)$.

C-Additivität: $h(K_1) + h(K_2) = h(K_1 \cup K_2) + h(K_1 \cap K_2)$; $K_1, K_2 \in C(\mathcal{K})$ mit $K_1 \cup K_2 \in C(\mathcal{K})$.

Wichtige derartige Eikörperfunktionale für $d = 1, 2, 3$ sind $h = l, F, V, L, S$, wobei $l(K)$ die *Länge* von K ($d = 1$), $F(K)$ den *Flächeninhalt* von K ($d = 2$), $V(K)$ das *Volumen*[1]) von K ($d = 3$), $L(K)$ den *Umfang* von K ($d = 2$) und $S(K)$ die *Oberfläche* von K ($d = 3$) bezeichnen. Dabei soll im Fall $d = 2$, wenn K in eine Gerade eingebettet werden kann (also ein Segment ist), $L(K)$ gleich der doppelten Länge von K sein; entsprechend soll im Fall $d = 3$, wenn K in eine Ebene einbettbar ist, $S(K)$ gleich dem doppelten Flächeninhalt von K gesetzt werden.

Unter der *Parallelmenge* von $A \subset \mathbb{R}^d$ im Abstand r versteht man die Menge $A \oplus b(o, r)$. Jede Parallelmenge —) einer konvexen Menge ist wieder konvex, —) eines Eikörpers ist wieder ein Eikörper, —) einer Kugel ist wieder eine Kugel $\big(b(a, r_0) \oplus b(o, r) = b(a, r_0 + r)\big)$. Uns interessiert der Rauminhalt der Parallelmengen, und zwar zunächst in den Fällen $d = 1, 2, 3$. Für $d = 1$ ergibt sich offensichtlich $l\big(K \oplus b(o, r)\big) = l(K) + 2r$. Nach einem allgemeinen *Satz von* STEINER gilt für $d = 2$:

$$F\big(K \oplus b(o, r)\big) = F(K) + L(K)\,r + \pi r^2 \tag{1.6'}$$

und für $d = 3$:

$$V\big(K \oplus b(o, r)\big) = V(K) + S(K)\,r + 2\pi\bar{b}(K)\,r^2 + \frac{4}{3}\pi r^3. \tag{1.6''}$$

Dabei ist $\bar{b}$ ein weiteres Eikörperfunktional im obigen Sinne, die sogenannte *mittlere Breite*. Anschaulich kann die mittlere Breite $\bar{b}(K)$ eines Eikörpers $K \subset \mathbb{R}^3$ folgendermaßen definiert werden: Zu jeder Geraden g durch den Ursprung sei $b_g(K)$ der minimale Abstand paralleler Ebenen, die senkrecht auf g stehen und K zwischen sich einschließen. Dann erhält man $\bar{b}(K)$ durch Mittelung der $b_g(K)$ bez. der sogenannten Gleichverteilung aller Geraden g durch den Ursprung. Genauer gesagt, es gilt

$$\bar{b}(K) = \frac{1}{2\pi} \int_0^{\pi/2} \int_0^{2\pi} l(\mathfrak{p}_{\vartheta,\varphi} K) \sin\vartheta \, d\varphi \, d\vartheta,$$

---

[1]) Der Einfachheit halber benutzen wir oft das Symbol V auch zur Bezeichnung des Volumens bzw. des Lebesgue-Maßes im $\mathbb{R}^d$. Im Spezialfall $d = 2$ fällt dann V mit F zusammen.

wobei $\mathfrak{p}_{\vartheta,\varphi}K$ die senkrechte Projektion von K auf diejenige Gerade sein soll, die durch die Punkte (0, 0, 0) und ($\sin\vartheta \cos\varphi$, $\sin\vartheta \sin\varphi$, $\cos\vartheta$) verläuft.

Für *Polyeder* K kann man z. B. aus [92], S. 226, die folgende Formel entnehmen:

$$\bar{b}(K) = \frac{1}{4\pi} \sum_i l_i \varkappa_i ,$$

wobei l_i die Länge der i-ten Kante ist und $\varkappa_i$ der Winkel zwischen den Normalen der Flächen, die sich in der i-ten Kante schneiden ($0 < \varkappa_i < \pi$). Tab. 1 enthält die mittleren Breiten für einige Eikörper $K \subset \mathbb{R}^3$. (Weitere Formeln für $\bar{b}$ findet man in [34], S. 215, und [92], S. 226.)

Tabelle 1

Mittlere Breiten einiger Eikörper K im $\mathbb{R}^3$.

K	$\bar{b}(K)$
Kugel mit Radius r	$2r$
Quader mit Seitenlängen a, b, c	$\frac{1}{2}(a + b + c)$
Segment der Länge a	$\frac{1}{2}a$
Zylinder mit der Höhe h, dem Radius r der Grundfläche	$\frac{1}{2}(h + \pi r)$
Kreisscheibe mit Radius r	$\frac{\pi}{2}r$

Wir wenden uns nun dem Fall beliebiger Dimension d zu. Das Volumen $\nu_d(K \oplus b(o, r))$ des Parallelkörpers zu $K \in C(\mathcal{K})$ kann mit Hilfe der *Steinerschen Formel* berechnet werden:

$$\nu_d(K \oplus b(o, r)) = \sum_{k=0}^{d} \binom{d}{k} W_k(K)\, r^k . \tag{1.6}$$

Dabei bezeichnen die W_k ($k = 0, \ldots, d$) spezielle bewegungsinvariante, monotone, C-additive Eikörperfunktionale, die sogenannten *Quermaßintegrale* (*Minkowskische Funktionale*). Sie sind definiert durch die Formel

$$W_k(K) = (\omega_d/\omega_{d-k}) \int_{\mathcal{S}_{d-k}} \nu_{d-k}(\mathfrak{p}_S K)\, U_{d-k}(\mathrm{d}S) .$$

Dabei bedeuten

$\omega_l = \pi^{l/2}/\Gamma(1 + l/2)$ das Volumen der Einheitskugel im $\mathbb{R}^l$, speziell $\omega_1 = 2$, $\omega_2 = \pi$ und $\omega_3 = 4\pi/3$,

ν_l das l-dimensionale Lebesgue-Maß,

$\mathscr{S}_l$ die Menge aller l-Ebenen, die den Ursprung enthalten,

$\mathfrak{p}_S K$ die orthogonale Projektion von K auf $S \in \mathscr{S}_l$,

U_l die Gleichverteilung auf $\mathscr{S}_l$.

(Ausführungen zur allgemeinen Integrationstheorie enthält der Abschnitt 1.6.)

Die Größe $W_0(K)$ ist gleich dem Volumen $\nu_d(K)$, $dW_1(K)$ heißt *$(d-1)$-dimensionaler Inhalt des Randes* ∂K, W_d ist konstant gleich ω_d, $(2/\omega_d)\,W_{d-1}$ heißt mittlere Breite. Ein *Satz von* HADWIGER besagt, daß jedes nichtnegative, bewegungsinvariante, monotone, C-additive Eikörperfunktional h in der Form $h = \sum_{k=0}^{d} a_k W_k$ mit $a_k \geqq 0$ dargestellt werden kann.

Nicht nur das Volumen, sondern alle Quermaßintegrale einer Parallelmenge $K \oplus b(o, r)$ $\big(K \in C(\mathscr{K})\big)$ lassen sich durch die Quermaßintegrale von K ausdrücken:

$$W_l\big(K \oplus b(o, r)\big) = \sum_{k=0}^{d-l} \binom{d-l}{k} W_{k+l}(K)\, r^k. \tag{1.7}$$

Es gilt

$d = 1$: $W_0(K) = l(K)$, $W_1(K) = 2$.

$d = 2$: $W_0(K) = F(K)$, $W_1(K) = \frac{1}{2} L(K)$, $W_2(K) = \pi$.

$d = 3$: $W_0(K) = V(K)$, $W_1(K) = \frac{1}{3} S(K)$, $W_2(K) = \frac{2}{3} \pi \bar{b}(K)$,

$W_3(K) = \frac{4}{3} \pi$.

Offenbar sind (1.6′) und (1.6″) Spezialfälle von (1.6) für $d = 2$ und 3. Die Formel (1.7) liefert im Fall $d = 2$

$$L\big(K \oplus b(o, r)\big) = L(K) + 2\pi r,$$

im Fall $d = 3$

$$S(K \oplus b(o, r)) = S(K) + 4\pi\bar{b}(K)\, r + 4\pi r^2,$$
$$\bar{b}(K \oplus b(o, r)) = \bar{b}(K) + 2r.$$

1.6. Kurze Einführung in die Maß- und Integrationstheorie

Der Begriff des Maßes spielt in der modernen Wahrscheinlichkeitsrechnung eine zentrale Rolle. Maße sind spezielle Mengenfunktionen, etwas genauer gesagt Funktionen, die den Mengen aus bestimmten Mengensystemen nichtnegative Maßzahlen (einschließlich ∞) zuordnen und dabei gewisse Additivitätsforderungen erfüllen.

Um eine vorläufige Vorstellung vom Begriff des Maßes zu bekommen, gehen wir von einem anschaulichen Beispiel aus. Es sei ein Körper mit einer in seinem Inneren nicht notwendig homogenen Massenverteilung gegeben, und wir fragen für jedes Teilstück A des Körpers nach dessen Volumen $\alpha_1(A)$ und der Masse $\alpha_2(A)$ von A. Wenn man sich noch zusätzlich vorstellt, daß in dem Körper kleine Körner eines bestimmten Materials unterscheidbar sind, kann man sich auch für die Anzahl $\alpha_3(A)$ der Körner im Teilkörper A interessieren. Damit haben wir drei Funktionen α_1, α_2, α_3 auf dem System zumindest derjenigen Teilmengen des Körpers gewonnen, die sich mit den Mitteln der Elementargeometrie beschreiben lassen. Wenn ein Teilkörper A in zwei Bruchstücke A_1, A_2 zerlegt wird, gilt $\alpha_k(A) = \alpha_k(A_1) + \alpha_k(A_2)$ ($k = 1, 2, 3$). Man sagt, die Mengenfunktionen α_k seien additiv.

Als besonders brauchbar haben sich Mengenfunktionen erwiesen, die die weitergehende Eigenschaft der σ-Additivität besitzen, die unten erklärt wird. Solche Mengenfunktionen lassen sich im allgemeinen nicht auf dem System aller Teilmengen einer Grundmenge erklären, sondern nur auf einer sogenannten σ-Algebra von Teilmengen, die aber immerhin so umfangreich ist, daß die wichtigsten Mengenoperationen nicht aus ihr herausführen.

Unter einer *σ-Algebra* über der Menge X versteht man ein System $\mathfrak{X}$ von Teilmengen aus X mit den Eigenschaften:

(S1) $X \in \mathfrak{X}$.

(S2) Aus $A \in \mathfrak{X}$ folgt $A^c \in \mathfrak{X}$.

(S3) Aus $A_1, A_2, \ldots \in \mathfrak{X}$ folgt $\bigcup\limits_{k=1}^{\infty} A_k \in \mathfrak{X}$.

Man kann aus (S 1), (S 2), (S 3) ableiten, daß $\mathfrak{X}$ auch die nachstehend aufgeführten Eigenschaften hat:

- $\emptyset \in \mathfrak{X}$.
- Aus $A_1, \ldots, A_n \in \mathfrak{X}$ folgt $A_1 \cup \cdots \cup A_n, A_1 \cap \cdots \cap A_n \in \mathfrak{X}$.
- Aus $A, B \in \mathfrak{X}$ folgt $A \setminus B \in \mathfrak{X}$.
- Aus $A_1, A_2, \ldots \in \mathfrak{X}$ folgt $\bigcap_{k=1}^{\infty} A_k \in \mathfrak{X}$.

Triviale Beispiele von σ-Algebren über einer beliebigen Menge X sind das System $\{\emptyset, X\}$ und das System aller Teilmengen von X, die sogenannte *Potenzmenge* $\mathfrak{P}(X)$.

Ein wichtiges Beispiel ist die σ-Algebra $\mathfrak{B}^d$ der *Borel-Mengen* des $\mathbb{R}^d$. Es handelt sich um die kleinste σ-Algebra über $\mathbb{R}^d$, die alle offenen Mengen enthält. Sie ist echt kleiner als $\mathfrak{P}(\mathbb{R}^d)$, enthält aber grob gesprochen alle Teilmengen des $\mathbb{R}^d$, die sich konstruktiv beschreiben lassen, also insbesondere alle elementargeometrischen Körper. Aus der Definition folgt sofort, daß alle abgeschlossenen Teilmengen des $\mathbb{R}^d$ zu $\mathfrak{B}^d$ gehören. Die Menge aller beschränkten Borel-Mengen des $\mathbb{R}^d$ bezeichnen wir mit $\mathfrak{B}_0{}^d$.

Wenn X eine Menge und $\mathfrak{X}$ eine σ-Algebra über X ist, nennt man $[X, \mathfrak{X}]$ *meßbaren Raum.*

Eine Funktion $f: X \to \mathbb{R}$ wird *$\mathfrak{X}$-meßbar* genannt, wenn für alle Borel-Mengen $B \in \mathfrak{B}^1$ gilt $f^{-1}(B) \in \mathfrak{X}$ · $\left(f^{-1}(B) = \{x \in X : f(x) \in B\}.\right)$ Die elementaren Rechenoperationen und Grenzwertbildungen führen meßbare Funktionen wieder in meßbare Funktionen über. Einfache Beispiele $\mathfrak{X}$-meßbarer Funktionen sind die *Indikatorfunktionen* $\mathbf{1}_A$,

$$\mathbf{1}_A(x) = \begin{cases} 1 & \text{für} \quad x \in A, \\ 0 & \text{sonst} \end{cases} \qquad A \in \mathfrak{X}.$$

Spezielle $\mathfrak{B}^d$-meßbare (borelmeßbare) Funktionen sind die stetigen Funktionen $f: \mathbb{R}^d \to \mathbb{R}$. Oberflächlich formuliert, sind alle Funktionen $f: \mathbb{R}^d \to \mathbb{R}$, die sich konstruktiv beschreiben lassen, borelmeßbar.

Im Fall einer allgemeinen Bildmenge Y (anstatt $\mathbb{R}$), die mit einer σ-Algebra $\mathfrak{Y}$ von Teilmengen von Y einen meßbaren Raum $Y, \mathfrak{Y}]$ bildet, nennt man einen Abbildung $f: X \to Y$ $(\mathfrak{X}, \mathfrak{Y})$-meßbar, wenn für jedes $B \in \mathfrak{Y}$ gilt $f^{-1}(B) \in \mathfrak{X}$.

Gegeben sei ein meßbarer Raum $[X, \mathfrak{X}]$. Unter einem *Maß* auf

$[X, \mathfrak{X}]$ versteht man eine Funktion $\mu: \mathfrak{X} \to [0, \infty]$ mit den Eigenschaften:

(M1) $\mu(\emptyset) = 0$.

(M2) Aus $A_1, A_2, \ldots \in \mathfrak{X}$ und $A_k \cap A_l = \emptyset$ für $k \neq l$ folgt

$$\mu\left(\bigcup_{k=1}^{\infty} A_k\right) = \sum_{k=1}^{\infty} \mu(A_k).$$

Im Hinblick auf (M2) sagt man, μ sei eine σ-additive Mengenfunktion. Für paarweise elementfremde $A_1, \ldots, A_n \in \mathfrak{X}$ ergibt sich $\mu(A_1 \cup \cdots \cup A_n) = \mu(A_1) + \cdots + \mu(A_n)$ und für $A, B \in \mathfrak{X}$ mit $B \subset A: \mu(A \setminus B) = \mu(A) - \mu(B)$.

Als Beispiel von besonderer Bedeutung sei das *Lebesgue-Maß* ν_d auf $[\mathbb{R}^d, \mathfrak{B}^d]$ genannt.[1]) Es ist durch die Forderung eindeutig festgelegt, daß es den Quadern $Q = [a_1, b_1] \times \cdots \times [a_d, b_d]$ ihren elementaren Inhalt zuordnen soll: $\nu_d(Q) = (b_1 - a_1) \cdots (b_d - a_d)$. Daraus folgt insbesondere, daß $\nu_3(A)$ für elementargeometrische Mengen A (Kugeln, Zylinder, Kegel, usw.) gleich dem elementaren Volumen ist. Das Lebesgue-Maß ist *bewegungsinvariant*, d. h., $\nu_d(\mathfrak{m}A) = \nu_d(A)$ für alle $A \in \mathfrak{B}^d$ und alle Bewegungen $\mathfrak{m}$ des $\mathbb{R}^d$. Für alle $A \in \mathfrak{B}_0^d$ gilt $\nu_d(A) < \infty$; man sagt, ν_d sei ein *lokalendliches* Maß auf $[\mathbb{R}^d, \mathfrak{B}^d]$.

Man kann zeigen, daß für jedes beliebige lokalendliche translationsinvariante Maß μ auf $\mathfrak{B}^d$ gilt

$$\mu(B) = c\nu_d(B), \qquad B \in \mathfrak{B}^d, \tag{1.8}$$

mit einem nichtnegativen Faktor c. Schließlich ist, ν_d *diffus* d. h., $\nu_d(\{x\}) = 0$ für alle $x \in \mathbb{R}^d$.

Ein Tripel $[X, \mathfrak{X}, \mu]$, wobei $\mathfrak{X}$ eine σ-Algebra über X und μ ein Maß auf $[X, \mathfrak{X}]$ ist, heißt *Maßraum*. Zu jedem solchen Maßraum gehört ein Funktional, das allen $\mathfrak{X}$-meßbaren Funktionen $f: X \to [0, \infty)$ einen Wert $\int f \, \mathrm{d}\mu$ aus $[0, \infty]$ und bestimmten $\mathfrak{X}$-meßbaren Funktionen $f: X \to \mathbb{R}$ eine reelle Zahl $\int f \, \mathrm{d}\mu$ zuordnet. Dieses Funktional, das *Integral* genannt wird, ist im wesentlichen durch die Eigenschaften

$$\int \mathbf{1}_A \, \mathrm{d}\mu = \mu(A), \qquad A \in \mathfrak{X},$$

$$\int (c_1 f_1 + c_2 f_2) \, \mathrm{d}\mu = c_1 \int f_1 \, \mathrm{d}\mu + c_2 \int f_2 \, \mathrm{d}\mu, \qquad c_1, c_2 \in \mathbb{R},$$

$$\int \sum_{k=1}^{\infty} f_k \, \mathrm{d}\mu = \sum_{k=1}^{\infty} \int f_k \, \mathrm{d}\mu, \qquad f_1, f_2, \ldots \geqq 0,$$

[1]) Vgl. die Fußnote auf S. 16.

charakterisiert. Man schreibt statt $\int f \, d\mu$ auch $\int f(x) \, \mu(dx)$, $\int f(t) \, \mu(dt), \ldots$; die sogenannte Integrationsvariable $x, t, \ldots$ kann beliebig bezeichnet werden.

Das dem Maßraum $[\mathbb{R}^d, \mathfrak{B}^d, \nu_d]$ entsprechende Integral nennen wir *Lebesgue-Integral.* Wenn im Fall $d = 2$ die nichtnegative Funktion $f: \mathbb{R}^2 \to [0, \infty)$ graphisch als Funktionsgebirge über der Ebene dargestellt wird, dann kann $\int f \, d\nu_2$ gedeutet werden als Volumen der Punktmenge, die zwischen der Ebene und der Oberfläche des Funktionsgebirges eingeschlossen ist. Eine entsprechende anschauliche Interpretation ist erst recht für $d = 1$ möglich. In diesem Fall gilt für elementare Funktionen f

$$\int \mathbf{1}_{[a,b]} f \, d\nu_1 = \int_a^b f(x) \, dx,$$

wobei der rechte Ausdruck das aus der elementaren Analysis bekannte Integral ist.

Gegeben seien die Maße μ_1, μ_2 auf $[X, \mathfrak{X}]$. Eine $\mathfrak{X}$-meßbare Funktion $g: X \to [0, \infty)$ heißt *Dichte* von μ_2 bez. μ_1, wenn für alle $A \in \mathfrak{X}$ gilt $\mu_2(A) = \int \mathbf{1}_A g \, d\mu_1$.

Spezielle Maßräume sind die *Wahrscheinlichkeitsräume,* $[\Omega, \mathfrak{A}, \mathsf{P}]$, die dadurch ausgezeichnet sind, daß das Maß P die Gesamtmasse 1 hat, d. h., $\mathsf{P}(\Omega) = 1$. Reellwertige $\mathfrak{A}$-meßbare Abbildungen heißen in diesem Fall *Zufallsgrößen,* meßbare Abbildungen mit allgemeinen Bildmengen nennt man *Zufallsvariable.*

Für ein gründliches Studium der in diesem Abschnitt erwähnten Begriffe muß auf die einschlägige Lehrbuchliteratur verwiesen werden (z. B. [9, 36]).

1.7. Beschreibung geometrischer Strukturen durch stochastische Modelle

Die Art und Weise, in der (unregelmäßige) geometrische Muster durch mathematische Modelle erfaßt werden können, soll an einem Beispiel erläutert werden.

Wir stellen uns vor, daß n Fotografien vorliegen, die in ihren Umrissen alle zu einem festen Rechteck Q in der Ebene kongruent sind. Auf den Bildern sollen punktförmige Schwärzungsstellen erkennbar sein, die etwa sehr kleine körnerförmige Einschlüsse in einem Medium wiedergeben. Wir interessieren uns für die Häufigkeitsverteilungen der Anzahl der Schwärzungsstellen in bestimmten vorgegebenen Teilgebieten $G \subset Q$; d. h., wir bestimmen für jedes $k = 0, 1, 2, \ldots$ und für gewisse Gebiete $G \subset Q$ die Anzahl $a_k(G)$ der Fotografien, die k Schwärzungsstellen in G haben (und dividieren durch die Gesamtzahl n). Die konkret gemessenen Häufigkeitsverteilungen mögen sich mit einer Genauigkeit, die für unsere Zwecke ausreichend ist, durch Standardverteilungen der Wahrscheinlichkeitstheorie approximieren lassen. Auf diese Weise werden die ursprünglichen Verteilungen durch solche ersetzt, die rechnerisch gut handhabbar sind. — Die erwähnten Standardverteilungen seien nun speziell Poisson-Verteilungen. Dann können wir die mathematische Idealisierung weitertreiben und statt der Menge der zu den Gebieten $G \subset Q$ gehörenden Poisson-Verteilungen einen *Poissonschen Punktprozeß* (mit nicht notwendig homogenem Intensitätsmaß, vgl. Kap. 3, 6) betrachten. Anschaulich gesprochen läuft dieses Vorgehen u. a. darauf hinaus, daß wir die ursprünglichen n Punktmuster in Q durch ein Kontinuum von Punktmustern in Q ersetzen. — Neben dem Poisson-Prozeß gibt es noch andere Modelle, z. B. Cox-Prozesse und Clusterprozesse, die einer rechnerischen Behandlung zugänglich und in dem skizzierten Sinne zur näherungsweisen Beschreibung konkreter Ensembles von Punktmustern geeignet sind. Die Auswahl der Modelle, die in einem vorgegebenen präzisierten Sinn eine konkrete Struktur annähernd richtig wiedergeben, ist Aufgabe der mathematischen Statistik.

Es soll noch eine zusätzliche Form der mathematischen Idealisierung besprochen werden. Wir stellen uns jetzt vor, daß die n Fotografien Teilaufnahmen aus einem Punktmuster in einem Gebiet $H \supset Q$ sind, das im Verhältnis zu Q sehr groß ist. Die Mittelpunkte der zu Q kongruenten und parallelen Teilrechtecke von H, deren Abbilder unsere n Fotografien sind, seien regelmäßig gitterförmig und sehr engmaschig über H verteilt. Dann werden die zum n-Tupel der Fotoaufnahmen gehörenden Häufigkeitsverteilungen eine besondere Eigenschaft haben: Die $a_k(G)$ werden sich bei Verschiebungen von G innerhalb von Q nur geringfügig ändern. Im Sinne einer mathematischen Idealisierung beschreibt man solche Punktmusterensembles näherungsweise durch Punktprozesse (PP), die in der ganzen Ebene erklärt, und bei denen die zu beliebigen Gebieten G gehörenden Häufigkeitsverteilungen gegenüber Translationen von G invariant sind; sie heißen stationäre PP. (Statt von einem einzigen Punktmuster in H kann man auch von mehreren ausgehen.)

Wenn zu jedem der erwähnten zueinander parallelen Teilrechtecke von H auch die um den Winkel $\frac{k}{m} \pi$ $(k = 1, 2, \ldots, m - 1)$ um ihren Mittelpunkt gedrehten Rechtecke betrachtet werden (m sehr groß), dann kann die entstehende Population aus mn Punktmustern näherungsweise durch einen PP wiedergegeben werden, der nicht nur stationär, sondern auch isotrop, d. h. insgesamt bewegungsinvariant, ist. Der Leser wird meinen, daß es doch einfacher sein müßte, die Ensembles von Punktmustern direkt etwa durch Angabe der Punktkoordinaten zu beschreiben als durch das begrifflich schwierigere Modell des PP. Die direkte Beschreibung kann aber in konkreten Fällen auf die Auflistung einer Unmenge von Daten hinauslaufen, in deren Wirrwarr keinerlei Gesetzmäßigkeiten sichtbar werden. Das stochastische Modell läßt dagegen viele Zusammenhänge erkennen und gestattet oft die Beschreibung der betrachteten Struktur mit wenigen Parametern; im Fall eines stationären Poisson-Prozesses genügt ein einziger Parameter, die Intensität, d. h. die mittlere Punktanzahl pro Flächeneinheit.

Wenn das Modell mit Hilfe statistischer Methoden dem Untersuchungsmaterial geeignet angepaßt wird, kann man sich davon überzeugen, daß die aus dem Modell abgeleiteten Gesetzmäßigkeiten auch annähernd für das konkrete Datenmaterial gelten.

Das Verhältnis der übrigen im Buch betrachteten stochastischen Modelle, z. B. Geradenprozesse, zufällige Mosaike, Boolesche Modelle, zu konkreten geometrischen Strukturen kann in ähnlicher Weise interpretiert werden wie beim eben abgehandelten Beispiel der PP.

2. Zufällige abgeschlossene Mengen

2.1. Grundlagen

In der stochastischen Geometrie werden seit langem Objekte studiert, die man heute als „zufällige Mengen" bezeichnet; systematische Untersuchungen begannen mit Arbeiten von Kolmogorow aus den dreißiger Jahren. In den vierziger und fünfziger Jahren betrachteten Robbins, Matérn [55] u. a. verschiedene

Mengenmodelle und erhielten wichtige Formeln z. B. für das sogenannte Boolesche Modell (vgl. Kap. 5). Die Grundlage für die modernen Theorien zufälliger Mengen schuf 1953/54 CHOQUET mit seinen Arbeiten über „Kapazitäten". MATHERON (1967, 1975) (vgl. [56]) untersuchte abgeschlossene Teilmengen lokalkompakter Räume mit abzählbarer Basis und KENDALL (1974) (vgl. [46]) Teilmengen noch allgemeinerer Räume unter reduzierten Topologieannahmen. Wir folgen hier der Theorie MATHERONS und betrachten abgeschlossene Teilmengen des $\mathbb{R}^d$. (Daß abgeschlossene Mengen untersucht werden, ist im wesentlichen eine Frage der Konvention und bedeutet grob gesprochen nur, daß die Ränder der Mengen mit zu ihnen gerechnet werden.)

Wie in 1.3 sei $\mathscr{F}$ das System aller abgeschlossenen Teilmengen des $\mathbb{R}^d$. Mit $\mathfrak{F}$ werde die kleinste σ-Algebra über $\mathscr{F}$ bezeichnet, die alle Mengen $\mathscr{F}_K$ enthält,

$$\mathscr{F}_K = \{F \in \mathscr{F} : F \cap K \neq \emptyset\}, \qquad K \in \mathscr{K}.$$

Eine *zufällige abgeschlossene Menge* (ZAM) ist eine Zufallsvariable Ξ mit Werten in $[\mathscr{F}, \mathfrak{F}]$. Das heißt also, Ξ ist eine $(\mathfrak{A}, \mathfrak{F})$-meßbare Abbildung eines Wahrscheinlichkeitsraumes $[\Omega, \mathfrak{A}, \mathsf{P}]$ in $[\mathscr{F}, \mathfrak{F}]$.

Beispiele für ZAM sind: zufällige Punkte; Kugeln mit zufälligen Mittelpunkten und Radien; Quader mit zufälligen Positionen und Kantenlängen. Die Abbildungen 1 und 4 zeigen Figuren, die man als Realisierungen komplizierterer zufälliger Mengen ansehen kann.

Viele wichtige ZAM werden durch Mengenoperationen konstruiert, z. B. Vereinigung, Durchschnitt, Minkowski-Addition. Diese und viele andere Operationen sind $(\mathfrak{F} \otimes \mathfrak{F}, \mathfrak{F})$-meßbar; somit sind die bei den Operationen entstehenden Mengen wieder ZAM (vgl. [56], S. 28).

Verteilung von ZAM. Die Verteilung P einer ZAM Ξ ist gegeben durch

$$P(A) = \mathsf{P}(\Xi \in A) = \mathsf{P}(\{\omega \in \Omega : \Xi(\omega) \in A\}), \qquad A \in \mathfrak{F}.$$

Sie liefert Wahrscheinlichkeiten dafür, daß Ξ bestimmte Eigenschaften hat, also in bestimmten Teilmengen von $\mathfrak{F}$ liegt. Beispielsweise ist die Wahrscheinlichkeit dafür, daß Ξ die Menge K schneidet ($A = \mathscr{F}_K$), gleich

$$P(\mathscr{F}_K) = \mathsf{P}(\Xi \cap K \neq \emptyset).$$

Kapazitätsfunktional einer ZAM:

$$T_\Xi(K) = \mathsf{P}(\Xi \cap K \neq \emptyset) = P(\mathscr{F}_K), \qquad K \in \mathscr{K},$$

$$Q_\Xi(K) = 1 - T_\Xi(K), \qquad K \in \mathscr{K}.$$

Man kann zeigen, daß T_Ξ (als Funktion von K aufgefaßt) die Eigenschaften einer „alternierenden Choquet-Kapazität unendlicher Ordnung“ hat (vgl. [56], S. 29/30) nämlich

(a) $T_\Xi(\emptyset) = 0, \qquad 0 \leqq T_\Xi(K) \leqq 1;$

(b) wenn $K_n \downarrow K$, so $T_\Xi(K_n) \downarrow T_\Xi(K)$;

(c) $S_n(K; K_1, \ldots, K_n) \geqq 0$ mit

$$S_n(K; K_1, \ldots, K_n) = S_{n-1}(K; K_1, \ldots, K_{n-1}) - S_{n-1}(K \cup K_n; K_1, \ldots, K_{n-1})$$

und $S_0(K) = 1 - T_\Xi(K)$. Dabei ist
$S_n(K; K_1, \ldots, K_n) = \mathsf{P}(\Xi \cap K = \emptyset, \Xi \cap K_1 \neq \emptyset, \ldots, \Xi \cap K_n \neq \emptyset)$.
Das Kapazitätsfunktional T_Ξ bestimmt die Verteilung P einer ZAM eindeutig.

Satz von Choquet (vgl. [56], S. 30). *T sei ein Funktional auf $\mathscr{K}$ mit den Eigenschaften* (a), (b) *und* (c). *Dann existiert ein eindeutig bestimmtes Verteilungsgesetz P auf $\mathfrak{F}$ mit*

$$T(K) = P(\mathscr{F}_K), \qquad K \in \mathscr{K}.$$

Somit können wichtige Eigenschaften von ZAM durch ihre Kapazitätsfunktionale ausgedrückt werden.

Unabhängigkeit. Die ZAM Ξ_1 und Ξ_2 heißen *unabhängig*, wenn für beliebige $A_1, A_2 \in \mathfrak{F}$ gilt

$$\mathsf{P}(\Xi_1 \in A_1, \Xi_2 \in A_2) = \mathsf{P}(\Xi_1 \in A_1)\,\mathsf{P}(\Xi_2 \in A_2).$$

Notwendig und hinreichend dafür ist, daß für alle $K_1, K_2 \in \mathscr{K}$

$$\mathsf{P}(\Xi_1 \cap K_1 \neq \emptyset, \Xi_2 \cap K_2 \neq \emptyset) = T_{\Xi_1}(K_1)\, T_{\Xi_2}(K_2).$$

Stationarität und Isotropie. Eine ZAM Ξ heißt *stationär*, wenn Ξ und die verschobene ZAM $\Xi_x = \Xi + x$ für jedes $x \in \mathbb{R}^d$ die gleiche Verteilung haben. Dies ist genau dann der Fall, wenn für das Kapazitätsfunktional gilt

$$T_\Xi(K) = T_\Xi(K_y), \qquad y \in \mathbb{R}^d, \qquad K \in \mathscr{K}.$$

wegen

$$T_\Xi(K) = \mathsf{P}(\Xi \cap K \neq \emptyset) \quad \text{und} \quad T_{\Xi+x}(K) = \mathsf{P}\big((\Xi + x) \cap K \neq \emptyset\big)$$
$$= \mathsf{P}\big(\Xi \cap (K - x) \neq \emptyset\big).$$

Eine ZAM Ξ heißt *bewegungsinvariant* (*stationär und isotrop*), wenn für jede Euklidische Bewegung $\mathfrak{m}$ die Verteilungen von Ξ und $\mathfrak{m}\Xi$ gleich sind. Notwendig und hinreichend dafür ist $T_\Xi(K) = T_\Xi(\mathfrak{m}K)$ für alle $\mathfrak{m}$ und alle $K \in \mathcal{K}$.

Ergodensätze für räumliche Prozesse und speziell für ZAM werden in [6] studiert.

Formeln für zufällige Eikörper. Die betrachtete ZAM sei mit Wahrscheinlichkeit Eins ein Eikörper. Man kann ihr dann zufällige Minkowskische Quermaßintegrale $W_k(\Xi)$ zuordnen, wobei angenommen wird, daß

$$\mathsf{E}W_k(\Xi) < \infty, \qquad k = 0, 1, \ldots, d.$$

Für fast alle Realisierungen von Ξ gilt die Steinersche Formel (1.6) und für die zugehörigen Erwartungswerte

$$\mathsf{E}V\big(\Xi \oplus b(o, r)\big) = \sum_{k=0}^{d} \binom{d}{k} \mathsf{E}W_k(\Xi)\, r^k, \qquad r \geqq 0. \tag{2.1}$$

Wenn Ξ ein zufälliger Eikörper ist, dessen Verteilung invariant bezüglich Drehungen um den Ursprung o ist[1]), so gilt für jeden Eikörper K die *verallgemeinerte Steinersche Formel*

$$\mathsf{E}V(\Xi \oplus K) = \frac{1}{\omega_d} \sum_{k=0}^{d} \binom{d}{k} \mathsf{E}W_k(\Xi)\, W_{d-k}(K). \tag{2.2}$$

Diese Formel kann mit Hilfe des Satzes von HADWIGER bewiesen werden, weil das Eikörperfunktional h, $h(K) = \mathsf{E}V(\Xi \oplus K)$, bewegungsinvariant, C-additiv und monoton ist. Speziell gilt

$$\mathsf{E}F(\Xi \oplus K) = \mathsf{E}F(\Xi) + \frac{1}{2\pi} \mathsf{E}L(\Xi)\, L(K) + F(K), \qquad d = 2, \tag{2.3}$$

$$\mathsf{E}V(\Xi \oplus K) = \mathsf{E}V(\Xi) + \frac{1}{2} \mathsf{E}S(\Xi)\, \bar{b}(K) + \frac{1}{2} \mathsf{E}\bar{b}(\Xi)\, S(K) + V(K),$$
$$d = 3. \tag{2.4}$$

1) Hierfür sagen wir im folgenden „Ξ ist drehungsinvariant" oder „Ξ ist isotrop".

2.2. *Kenngrößen für stationäre und isotrope zufällige abgeschlosseneMengen*

Volumenanteil p. p ist das mittlere Volumen von Ξ im Einheitswürfel $[0, 1]^d$,

$$p = \mathsf{E}V(\Xi \cap [0, 1]^d).$$

Es gilt

$$p = \mathsf{P}(o \in \Xi) = \mathsf{P}(x \in \Xi) = T_\Xi(\{o\}), \qquad x \in \mathbb{R}^d. \tag{2.5}$$

Dies folgt aus

$$\begin{aligned}\mathsf{E}V(\Xi \cap [0, 1]^d) &= \mathsf{E}\int_{\mathbb{R}^d} \mathbf{1}_{\Xi \cap [0,1]^d}(x)\,\mathrm{d}x = \mathsf{E}\int_{[0,1]^d} \mathbf{1}_\Xi(x)\,\mathrm{d}x\\ &= \int_{[0,1]^d} \mathsf{E}\mathbf{1}_\Xi(x)\,\mathrm{d}x = \int_{[0,1]^d} \mathsf{P}(x \in \Xi)\,\mathrm{d}x = \mathsf{P}(o \in \Xi)\\ &= \mathsf{P}(\Xi \cap \{o\} \neq \emptyset) = T_\Xi(\{o\}),\end{aligned}$$

wobei die Stationarität $\mathsf{P}(o \in \Xi) = \mathsf{P}(x \in \Xi)$ für alle x sichert.

Kovarianz $C(h)$.

$$C(h) = \mathsf{P}(o \in \Xi, h \in \Xi), \qquad h \in \mathbb{R}^d.$$

Es gilt

$$C(h) = \mathsf{P}(o \notin \Xi, h \notin \Xi) + 2p - 1 = Q_\Xi(\{o, h\}) + 2p - 1.$$

Eine für die statistische Schätzung von $C(h)$ insbesondere mit Bildanalysatoren wichtige Formel ist

$$C(h) = \mathsf{P}(o \in \Xi \ominus \check{B}), \qquad B = \{o, h\}. \tag{2.6}$$

Die Größe $C(h)$ kann also als Volumenanteil der mit dem Punktepaar $\{o, h\}$ erodierten Menge Ξ bestimmt werden. (2.6) ergibt sich leicht aus der Definition der Erosion mit Hilfe von

$$\mathsf{P}(o \in \Xi, h \in \Xi) = \mathsf{P}(o \in \Xi \cap \Xi_{-h}) = \mathsf{P}(o \in \Xi \ominus \{o, -h\}).$$

Die Bezeichnung „Kovarianz" hängt mit dem Begriff der Kovarianzfunktion für Zufallsprozesse und -felder zusammen. Man kann nämlich einer ZAM Ξ das zufällige Feld $\{\mathbf{1}_\Xi(x)\}_{x \in \mathbb{R}^d}$ zuordnen.

Es gilt

$$\mathsf{E}\mathbf{1}_{\Xi}(x) = p, \qquad x \in \mathbb{R}^d,$$

und für die zugehörige *Kovarianzfunktion* $k(h)$ ergibt sich

$$k(h) = \mathsf{E}\big(\mathbf{1}_{\Xi}(o) - p\big)\big(\mathbf{1}_{\Xi}(h) - p\big) = \mathsf{E}\mathbf{1}_{\Xi}(o)\,\mathbf{1}_{\Xi}(h) - p^2$$

$$= C(h) - p^2, \qquad k(o) = p(1 - p).$$

Schließlich wird oft die *Korrelationsfunktion* $\varkappa(h)$ von ZAM studiert,

$$\varkappa(h) = k(h)/k(o), \qquad h \in \mathbb{R}^d.$$

Wenn die ZAM stationär und isotrop ist, so hängt $C(h)$ nur vom Abstand r des Punktes h von o ab; die entsprechende reelle Funktion wird im folgenden ebenfalls mit C bezeichnet; analog wird mit k und $\varkappa$ verfahren.

Die Kovarianz- bzw. Korrelationsfunktion gestattet gewisse Aussagen über die Struktur der ZAM (vgl. Abb. 1) auch wenn kein Bild vorliegt, wie z. B. bei Röntgenstrukturuntersuchungen oder geologischen Erkundungen. Ferner bildet sie die entscheidende Grundlage für die Bestimmung der Genauigkeit statistischer Schätzungen von p (vgl. 2.3) und kann für die Schätzung von Parametern in Mengenmodellen benutzt werden [95].

Es gilt $C(0) = p$, $C(\infty) = p^2$ und, bei genügend glatter Oberfläche von A, für den spezifischen Randinhalt (vgl. S. 61)

$$S_{V^{(d)}} = -2\sqrt{\pi}\,C'(0)\,\Gamma\left(\frac{d+1}{2}\right)\Big/\Gamma\left(\frac{d}{2}\right). \qquad (2.7)$$

Der Faktor von $C'(0)$ ist speziell gleich 2 ($d = 1$), π ($d = 2$) und 4 ($d = 3$).

In vielen Anwendungsbeispielen hat sich als rechnerisch günstige Näherung für kompliziertere $C(r)$ die „exponentielle Kovarianz" $C_e(r)$ gut bewährt,

$$C_e(r) = p(1 - p)\exp(-\alpha r) + p^2, \qquad r \geqq 0, \qquad \alpha \geqq 0,$$

für die die Kovarianz- bzw. Korrelationsfunktion lauten

$$k_e(r) = p(1 - p)\exp(-\alpha r) \quad \text{bzw.} \quad \varkappa_e(r) = \exp(-\alpha r), \quad r \geqq 0.$$

Granulometrie- und Schnittverteilungen G_B, H_B. Um für kompliziertere ZAM Ξ, bei denen es schwierig oder unmöglich ist, einzelne

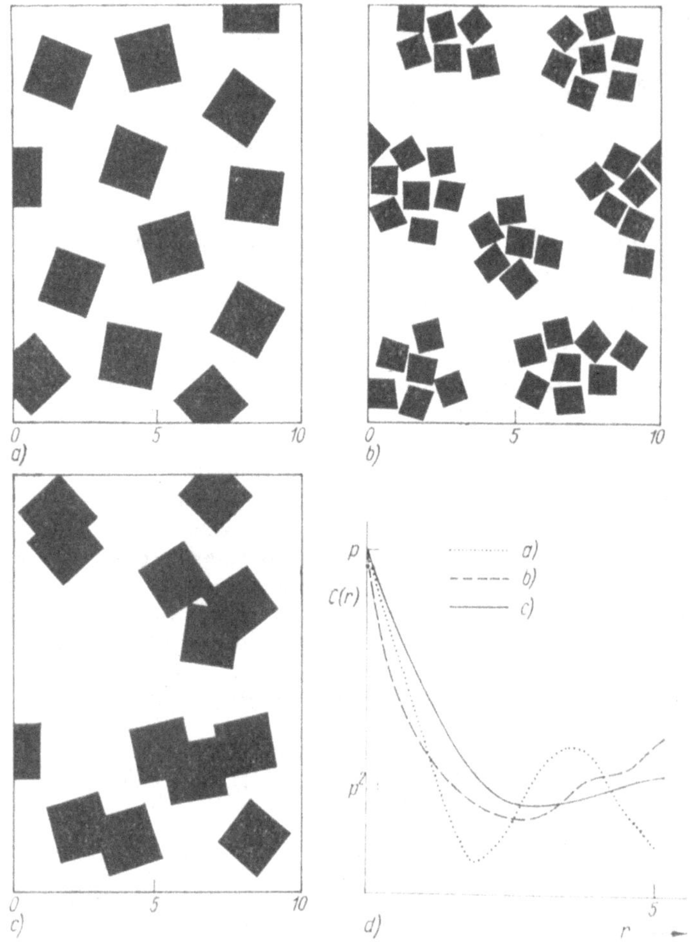

Abb. 1. Schätzungen für $C(r)$ für verschiedene Formen zufälliger Mengen bei gleichem Volumenanteil. Allein aus der Form von $C(r)$ lassen sich bereits gewisse Schlüsse über die Eigenschaften der untersuchten Menge ableiten. Die gezeigten Beispiele stellen typische Fälle dar (annähernd regelmäßige Verteilung von Partikeln, clusterförmige und „zufällige" Verteilung).

Partikel oder „Poren" zu identifizieren, die Größenverhältnisse zu charakterisieren, benutzt man Granulometrie- und Schnittverteilungen (vgl. [56], [93]). Diese Funktionen hängen von

„strukturierenden Elementen“ $B \in \mathcal{K}$ ab.

$G_B(r) = 1 - \mathsf{P}(o \in \Xi^c_{rB} \mid o \notin \Xi) = 1 - \mathsf{P}(o \in \Xi^c_{rB})/(1 - p), r \geqq 0,$

$\Xi^c_{rB} = (\Xi^c \ominus r\check{B}) \oplus rB$, vgl. S. 36,

$H_B(r) = 1 - \mathsf{P}(o \notin \Xi \oplus rB)/(1 - p), \quad r \geqq 0,$ wobei $o \in B$.

Wichtige Spezialfälle sind *sphärische* und *lineare* Granulometrie- und Schnittverteilungen G_s, H_s und G_l, H_l, wobei B die Einheitskugel (der Einheitskreis) oder ein Segment der Länge Eins mit Richtung u ist.

Die Größen $1 - G_s(r)$ bzw. $1 - H_s(r)$ sind die Wahrscheinlichkeiten dafür, daß ein beliebiger fester Punkt (z. B. der Ursprung o), sofern er nicht zu Ξ gehört, in einer Kugel mit dem Radius r liegt bzw. Mittelpunkt einer Kugel mit dem Radius r ist, die ganz außerhalb von Ξ liegt. (Würde man oben Ξ^c durch Ξ ersetzen, so ergäbe sich dasselbe für Kugeln ganz innerhalb von Ξ.) Also kann $H_s(r)$ auch als Verteilungsfunktion des Abstandes eines beliebigen Punktes außerhalb Ξ zu der ZAM Ξ gedeutet werden.

Bei hinreichend glatter Oberfläche von Ξ gilt

$$S_V^{(d)} = (1 - p)\, H_s'(0). \tag{2.8}$$

Die linearen Granulometrie- und Schnittverteilungen charakterisieren Sehnenlängen. Wählt man eine Gerade, deren Richtung durch u gegeben ist, so ist $G_l(r)$ gleich der Wahrscheinlichkeit dafür, daß ein beliebiger fester Punkt auf der Geraden, der nicht zu Ξ gehört, auf einer Schnittsehne in Ξ^c liegt, deren Länge kleiner als r ist. Entsprechend ist $H_l(r)$ die Verteilungsfunktion der Restlänge der in dem Punkt beginnenden Sehne. Es bestehen formelmäßige Zusammenhänge zwischen G_l und H_l und der Verteilungsfunktion L, bei der alle Sehnen auf der Geraden als „gleichberechtigt“ angesehen werden. (Man erhält L statistisch, indem man auf einer Schnittgeraden alle Sehnen nacheinander mißt und als gleichwertig ansieht.)

$$L(r) = \int_0^r \frac{C}{x}\, \mathrm{d}G_l(x); \qquad C^{-1} = \int_0^\infty \frac{1}{x}\, \mathrm{d}G_l(x),$$

$$H_l(r) = \int_0^r [1 - L(x)]\, \mathrm{d}x/m, \quad m = \text{mittlere Sehnenlänge zu } L.$$

Dabei ist zu beachten, daß L nicht notwendig existieren muß, weil $C = \infty$ möglich ist (vgl. [56], S. 53).

2.3. Statistik für zufällige abgeschlossene Mengen

Im folgenden wird ein kurzer Überblick über Verfahren zur Bestimmung von p, C, G_B und H_B gegeben und das Problem der Bestimmung der Genauigkeit von Schätzungen für den Volumenanteil p diskutiert. Dabei werden Stationarität und Isotropie (Bewegungsinvarianz) vorausgesetzt. Als Beispiel für eine Arbeit, in der die Messung des Volumenanteils einer Phase in einem begrenzten, inhomogenen Körper geschildert wird, sei [18] genannt.

Schätzung von p. Die beschriebenen Verfahren werden meist für ebene Mengen oder ebene Schnitte räumlicher Mengen benutzt. Diesen Fall betrachten auch wir im folgenden.

Punkt-Zähl-Methode. Man legt über das gegebene Bild ein Gitter aus n Punkten $x_1, \ldots, x_n$ und schätzt p gemäß

$$\hat{p}_P = \frac{1}{n}\left(\sum_{i=1}^{n} \mathbf{1}_\Xi(x_i)\right),$$

d. h., man bestimmt den Anteil der in Ξ liegenden Punkte des Gitters. Wegen

$$\mathsf{E}\hat{p}_P = \frac{1}{n}\sum_{i=1}^{n} \mathsf{E}\mathbf{1}_\Xi(x_i) = \frac{1}{n}\,np$$

ist $\hat{p}_P$ erwartungstreu. Die Schätzvarianz $\sigma_P^2 = \mathsf{E}(p - \hat{p}_P)^2$, die die Genauigkeit der Schätzung charakterisiert, kann wie folgt errechnet werden.

$$\sigma_P^2 = \frac{1}{n^2}\,\mathsf{E}\left[np - \sum_{i=1}^{n} \mathbf{1}_\Xi(x_i)\right]^2 = \frac{1}{n^2}\,\mathsf{E}\left[\sum_{i=1}^{n}\left(\mathbf{1}_\Xi(x_i) - p\right)\right]^2$$

$$= \frac{1}{n^2}\left[\sum_{i=1}^{n} \mathsf{E}\left(\mathbf{1}_\Xi(x_i) - p\right)^2 + 2\sum_{i\neq j} \mathsf{E}\left(\mathbf{1}_\Xi(x_i) - p\right)\left(\mathbf{1}_\Xi(x_j) - p\right)\right]$$

$$\sigma_P^2 = \frac{1}{n^2}\left[np(1-p) + 2\sum_{i\neq j} k(r_{ij})\right] \tag{2.9}$$

mit $r_{ij} = \varrho(x_i, x_j)$. Die Summe in (2.9) hängt von der Geometrie des Gitters und der Form von k ab. Wenn n groß ist und die Kovarianzfunktion schnell abklingt, kann sie vereinfacht werden.

Beispiel. Das Meßraster sei quadratisch mit einer Maschenweite Δ, die Kovarianzfunktion sei exponentiell mit $\alpha\Delta \gg 1$. Wenn zu jedem Gitterpunkt nur die benachbarten Punkte berücksichtigt werden und Randeffekte außer Betracht bleiben, ergibt sich näherungsweise

$$\sum_{i \neq j} k(r_{ij}) = 4np(1-p)\exp(-\alpha\Delta)\left[1+\exp\left(-\left(\sqrt{2}-1\right)\alpha\Delta\right)\right]$$

und

$$\sigma_P^2 \approx \frac{1}{n}\left\{p(1-p)+8p(1-p)\exp(-\alpha\Delta)\right.$$
$$\left.\times\left[1+\exp\left(-\left(\sqrt{2}-1\right)\alpha\Delta\right)\right]\right\}. \tag{2.10}$$

Linearmethode. Man legt über das gegebene Bild N parallele Strecken der Länge l, mißt die Gesamtlänge L der in Ξ liegenden Intervalle und schätzt p gemäß

$$\hat{p}_L = \frac{L}{Nl}.$$

Auch diese Schätzung ist erwartungstreu. Ihre Genauigkeit wurde in [96, 101] untersucht. Im Fall exponentieller Kovarianz mit großem α kann man für die Schätzvarianz σ_L^2 die folgende Näherungsformel benutzen (vgl. [101])

$$\sigma_L^2 \approx 2p(1-p)(1-1/\alpha l)/N\alpha l. \tag{2.11}$$

Flächenmethode. Der Flächenanteil $\hat{p}_F$ der Probe wird direkt, z. B. mit einem Bildauswertungsgerät, bestimmt, eventuell für mehrere Bilder nacheinander. Es gilt für die zugehörige Streuung σ_F^2,

$$\sigma_F^2 = \mathsf{E}(\hat{p}_F - p)^2,$$

$$\sigma_F^2 = \mathsf{E}\left(\frac{1}{F}\int_B 1_\Xi(x)\,\mathrm{d}x - p\right)^2 = \frac{1}{F^2}\int_B\int_B k(\|x-y\|)\,\mathrm{d}x\,\mathrm{d}y,$$

wobei F den Flächeninhalt des untersuchten Bildes B bezeichnet.

Eine für „große" B (weit nach allen Seiten ausgedehnte Bilder) und α gültige Näherungsformel für σ_F^2 ist im Fall exponentieller Kovarianz (vgl. [93])

$$\sigma_F^2 = \frac{2\pi p(1-p)}{\alpha^2 F}. \tag{2.12}$$

Beispiel. Vergleich der Genauigkeit von Punktzähl-, Linear- und Flächenanalyse.

Eine ZAM, deren Kovarianz näherungsweise exponentiell mit $\alpha = 5$ ist, wird in einem Stichprobenfenster von $F = 30 \times 30$ untersucht. Für das Punktzählverfahren stehen $n = 31 \times 31 = 961$ Punkte in einen quadratischen Raster mit der Maschenweite 1 zur Verfügung und für die Linearanalyse $N = 31$ parallele Strecken der Länge 30 mit dem Abstand 1. Bei einem Volumenanteil $p = 0{,}10$ ergeben sich nach (2.10), (2.11) bzw. (2.12) folgende Genauigkeitswerte:

$$\sigma_P = 0{,}010, \; \sigma_L = 0{,}006, \; \sigma_F = 0{,}005.$$

(Die exakten Werte lauten 0,0098, 0,0059 und 0,0053.) Die wachsende Genauigkeit ist eine selbstverständliche Folge der stärkeren Ausschöpfung der Informationen aus dem Stichprobenfenster.

Schätzung von $C(r)$. $C(r)$ kann als Volumenanteil der durch $\{o, h\}$ $(\varrho(o, h) = r)$ erodierten Menge Ξ bestimmt werden (vgl. (2.6) und 2.4). Manuell mißt man $C(r)$ z. B. mit Hilfe eines quadratischen Gitters mit der Maschenweite r. Man zählt die Anzahl n_r aller Paare von Gitterpunkten mit dem Abstand r und die Anzahl m_r der gemeinsam in Ξ liegenden Paare. Dann ist

$$\hat{C}(r) = m_r/n_r$$

eine erwartungstreue Schätzung für $C(r)$.

Schätzung von $H_B(r)$. $1 - H_B(r)$ kann aus dem Volumenanteil der mit rB dilatierten Menge Ξ bestimmt werden (vgl. 2.4). Manuell mißt man $H_B(r)$ z. B. mit Hilfe eines quadratischen Gitters. Man zählt die Anzahl n_H aller Gitterpunkte außerhalb von Ξ und prüft dann für jeden dieser Gitterpunkte x, ob $(x + rB) \cap \Xi = \emptyset$. Wenn m_r die Anzahl dieser Punkte ist, so liefert

$$1 - \hat{H}_B(r) = m_r/n_H$$

eine (im Fall der Ergodizität) asymptotisch erwartungstreue Schätzung für $1 - H_B(r)$.

Über die Eigenschaften der behandelten Schätzer für ZAM (außer Erwartungstreue und Konsistenz) ist noch wenig bekannt; als ein Beispiel für die Untersuchung der asymptotischen Normalverteiltheit von Schätzern für Größen wie H_B sei [7] genannt.

2.4. Bemerkungen zu einigen Methoden der quantitativen Bildauswertung

Gegenwärtig werden riesige Mengen an technischen und wissenschaftlichen Bildern erzeugt und ausgewertet, z. B. Satellitenfotos, geologische Karten und mikroskopische Bilder von Anschliffen von Metallen, Gesteinen oder von Zellgeweben. Diese Arbeit wird natürlich mit technischen Hilfsmitteln und weitgehend automatisiert durchgeführt. Im folgenden werden einige der solchen Verfahren zugrunde liegenden Gedanken beschrieben, wobei insbesondere gezeigt werden soll, wie die in 2.3. beschriebenen statistischen Aufgaben gelöst werden können.

Der erste Schritt der automatisierten Auswertung eines Bildes ist meist seine Digitalisierung, die z. B. mit Hilfe eines Rasters erfolgt, wozu man eine Fernsehkamera benutzen kann. Beispielsweise durch Wahl geeigneter Grauwertschwellen wird das digitalisierte Bild dualisiert, so daß jeder Rasterpunkt nur zwei Zustände haben kann (schwarz, weiß). Die damit vorhandene Information ist für viele Aufgaben vollkommen ausreichend, weil man oft bestimmte Bildkomponenten (Phasen) an ihren Grautönen erkennt; die moderne Geräteentwicklung hat allerdings das Ziel, die Grautöne noch besser zu berücksichtigen.

Wenn ein derartiges „binäres" Bild vorliegt, so ist es mit Hilfe geeigneter Geräte leicht möglich, wichtige Größen automatisch zu messen (durch Zählen bestimmter Bildpunkte), z. B. den Flächeninhalt der schwarzen und weißen Phase, die Länge der Grenzlinie zwischen den Phasen oder die Anzahl der Komponenten etwa der schwarzen Phase. Faßt man das Bild als Realisierung einer zufälligen Struktur auf, so können die Meßergebnisse als statistische Schätzwerte dienen, z. B. für den Volumenanteil p oder die spezifische Grenzlinienlänge L_A.

Doch die moderne quantitative Bildauswertung geht über diese Messungen weit hinaus! Einer ihrer Kerngedanken besteht darin, zusätzlich die Bilder zu transformieren und die transformierten Bilder erneut auszumessen (vgl. [93]). Damit kann man einerseits Operationen automatisch ausführen, die früher von Menschen intuitiv erledigt wurden (z. B. Berücksichtigung von Bildfehlern und präparativen Mängeln, Heraussuchen der wesentlichen Teile des Bildes), und andererseits können wichtige Funktionen wie die Kovarianz, Granulometrie- oder Schnittverteilungen bequem und schnell gemessen werden.

In der „mathematischen Morphologie" von Matheron und Serra benutzt man Transformationen mit „strukturierenden Elementen", womit eine einfache und übersichtliche Beschreibung möglich ist. Wichtige Beispiele dafür wurden schon in Kapitel 1 behandelt, und wir wollen sie hier noch einmal als Hilfsmittel zur Bildauswertung behandeln. Dabei bezeichnet A die interessierende Menge, z. B. die Menge der schwarzen Bildpunkte. Als strukturierende Elemente B dienen u. a. Kreise (oft approximiert durch Sechs- oder Achtecke), Geradenstücke (Segmente) und Doppelpunkte.

Dilatation $A \to A \oplus \check{B}$. Die Menge A wird „vergrößert" und (insbesondere wenn $B = b(o, r)$) „abgerundet". Durch Dilatation ist es möglich, Teilchengruppen zu einem einzigen Teilchen zu vereinigen, Löcher zu füllen oder Risse zu schließen. Indem man mit rB dilatiert und den Flächenanteil von $A \oplus rB$ bestimmt, kann man eine Schätzung für die entsprechende Schnittverteilung H_B erhalten, wenn A die Realisierung einer zufälligen Struktur ist.

Erosion $A \to A \ominus \check{B}$. Die Menge A wird „verkleinert", kleinere Teilchen verschwinden ganz, nur lose zusammenhängende Teilchen werden getrennt. (Das kann z. B. bei der Partikelzählung wichtig sein.) Die Erosion ist von großer Bedeutung für die statistische Bestimmung verschiedener quantitativer Charakteristiken zufälliger Mengen. Wählt man für B einen Doppelpunkt mit dem Abstand r, so liefert der Flächeninhalt der erodierten Menge eine Schätzung für die Kovarianz $C(r)$, vgl. (2.6).

Öffnung $A \to (A \ominus \check{B}) \oplus B = A_B$. Die Menge A_B hat eine ähnliche Gestalt wie A, jedoch sind ursprünglich nur lose zusammenhängende Teilchen deutlich getrennt („geöffnet"), und sehr kleine Teilchen (eventuelle Bildfehler) verschwinden. Der Flächenanteil von A_{rB} liefert die Granulometrieverteilung G_B.

Abschließung $A \to (A \oplus \check{B}) \ominus B = A^B$. Auch A^B hat annähernd dieselbe Gestalt wie A und ist wie A_B oft „glatter" und „gereinigt" im Vergleich zu A. Im Bild durch sehr kleine Lücken getrennte Teilchen werden vereinigt („abgeschlossen").

Abb. 2 zeigt die Wirkungsweise der vier Transformationen. Das folgende einfache Beispiel soll die bei mehrfacher Anwendung von Bildtransformationen gegebenen Möglichkeiten andeuten (vgl. auch [93], S. 35).

Skelettisierung. Gegeben sei ein Bild mit einer Zerlegung der Fläche in Polygone; A sei die Menge der Punkte der Grenzlinien. Gesucht ist die Anzahl der begrenzenden Seiten je Polygon. Diese — für die manuelle Bildauswertung triviale — Aufgabe ist automatisch wie folgt lösbar. Nacheinander werden die Polygone einzeln betrachtet. Wenn C ein derartiges Polygon ist, wird $C \oplus b(o, r)$ gebildet, wobei r ungefähr doppelt so groß wie die Dicke der Begrenzungen der Polygone gewählt wird. (Bei wechselnder Dicke ist die geeignete Wahl von r nicht unproblematisch.) Dann wird das Komplement von $(C \oplus b(o, r)) \cap A$ erzeugt, eine Menge, die aus mehreren disjunkten Komponenten besteht, deren Anzahl n_C automatisch gezählt wird. Es gilt

$$n_C - 1 = \text{Anzahl der Seiten von } C \text{ (vgl. Abb. 3).}$$

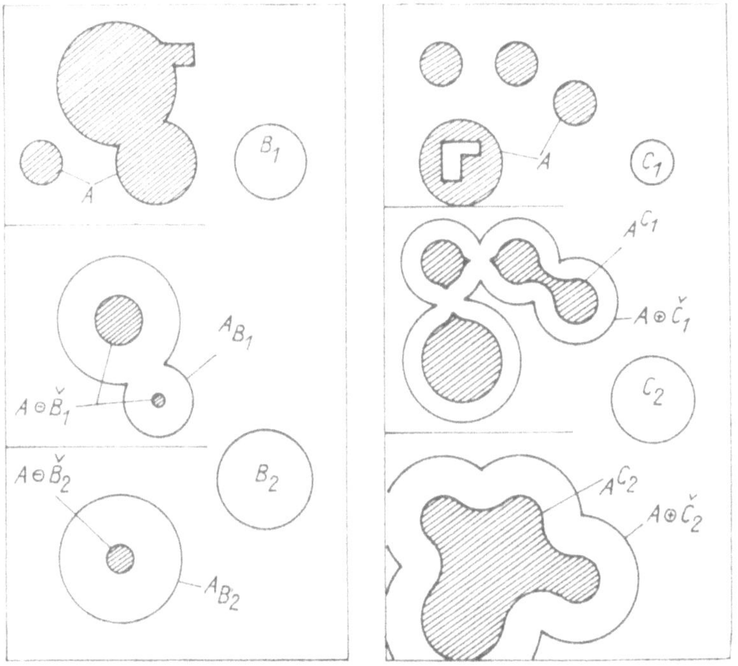

a) b)

Abb. 2. a) Erosion und Öffnung einer Menge. Dicht zusammenliegende Komponenten werden getrennt (Partikelzählung, Größenklassierung!), sehr kleine Komponenten und Rauigkeiten verschwinden oder werden reduziert.

b) Dilatation und Abschließung einer Menge. Lücken werden geschlossen, Einbuchtungen verschwinden oder werden reduziert, Gruppen kleiner Partikel werden vereinigt (Clusterzählung!).

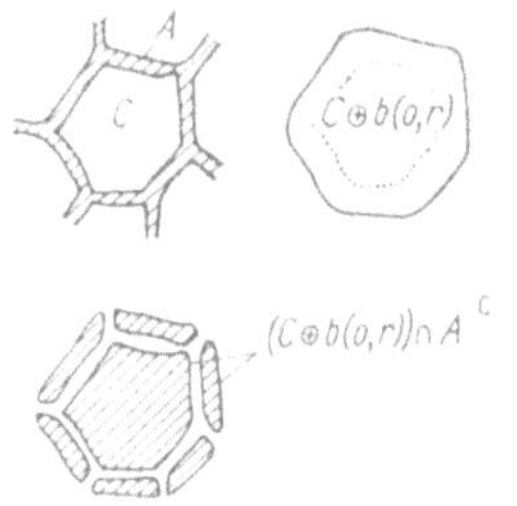

Abb. 3. Die Anzahl der Seiten des Polygons C ist um Eins kleiner als die der Komponenten von $(C \oplus b(o, r)) \cap A^c$. Die benutzten Bildtransformationen ermöglichen somit die automatische Zählung der Seiten von Polygonen.

3. Punktprozesse (Zufällige Punktfelder)

3.1. Grundbegriffe und -eigenschaften

Punktprozesse oder zufällige Punktfelder sind mathematische Modelle für diskrete Mengen zufällig im Raum verteilter Punkte. Die Entwicklung ihrer Theorie wurde insbesondere durch Probleme der Physik, Biologie und der Bedienungstheorie angeregt, wofür stellvertretend NEYMAN (1939), BARTLETT (1954), CHINTSCHIN (1955), MATÉRN (1960) und PALM (1943) genannt seien. Die heute vorliegende Theorie wurde in den fünfziger und sechziger Jahren geschaffen, insbesondere von KERSTAN, MATTHES und RYLL-NARDZEWSKI (vgl. [10, 14, 19, 44, 48, 50, 94]). Beispiele für Punktmuster, die bestimmten Punktprozeßmodellen entsprechen, geben die Abb. 5, 6 und 7.

Sei $\mathcal{N}$ das System derjenigen Teilmengen φ des $\mathbb{R}^d$, die die Eigenschaft haben, daß für jedes $B \in \mathfrak{B}_0^d$ die Menge $\varphi \cap B$ endlich ist. Mit $\mathfrak{N}$ werde die kleinste σ-Algebra über $\mathcal{N}$ bezeichnet, die alle Mengen folgender Form enthält:

$$\{\varphi \in \mathcal{N}: \text{Anzahl der Elemente von } \varphi \cap B = k\},$$
$$B \in \mathfrak{B}_0^d,\ k = 0, 1, \ldots$$

Ein *einfacher Punktprozeß* (PP) ist eine Zufallsvariable Φ mit Werten aus $[\mathcal{N}, \mathfrak{N}]$. Mit anderen Worten, Φ ist eine $(\mathfrak{A}, \mathfrak{N})$-meßbare Abbildung eines Wahrscheinlichkeitsraumes $[\Omega, \mathfrak{A}, \mathsf{P}]$ in $[\mathcal{N}, \mathfrak{N}]$. Das *Verteilungsgesetz* P von Φ ist somit gegeben durch

$$P(A) = \mathsf{P}(\Phi \in A) = \mathsf{P}\big(\{\omega \in \Omega: \Phi(\omega) \in A\}\big), \qquad A \in \mathfrak{N}.$$

Beispielsweise ist

$$\mathsf{P}(\{\varphi \in \mathcal{N}: \varphi \cap B = \emptyset\}) = \mathsf{P}(\Phi \cap B = \emptyset)$$

die Wahrscheinlichkeit dafür, daß in der Borel-Menge B kein Punkt von Φ liegt (*Leerwahrscheinlichkeit* für B).

Offensichtlich sind die $\varphi \in \mathcal{N}$ abgeschlossene Mengen, d. h. $\mathcal{N} \subset \mathcal{F}$. Man kann außerdem zeigen, daß $\mathfrak{N} = \{A \cap \mathcal{N}: A \in \mathfrak{F}\}$. Somit können PP als spezielle ZAM aufgefaßt werden. Nach dem Satz von CHOQUET ist die Verteilung eines PP also bereits durch die Gesamtheit der Leerwahrscheinlichkeiten $\mathsf{P}(\Phi \cap K = \emptyset)$, $K \in \mathcal{K}$, gegeben.

Wir benutzen gelegentlich die Schreibweise

$$\Phi = \{x_1, x_2, \ldots\},$$

der die Vorstellung zugrunde liegt, daß ein PP eine ZAM mit den Punkten $x_1, x_2, \ldots$ ist. Wenn f eine meßbare Funktion des $\mathbb{R}^d$ ist, so schreiben wir

$$f(x_1) + f(x_2) + \cdots = \sum_{x \in \Phi} f(x).$$

Die so gegebene Zufallsgröße wird in der Physik häufig mit Hilfe der Diracschen Deltafunktion δ ausgedrückt,

$$\sum_{x \in \Phi} f(x) = \int f(x)\, p(x)\, \mathrm{d}x,$$

wobei

$$p(x) = \sum_n \delta(x - x_n).$$

Es sei bemerkt, daß PP auch als *zufällige Zählmaße* interpretierbar sind. Diese Auffassung wird aber erst in Kap. 4 skizziert. Trotzdem benutzen wir schon hier eine Schreibweise, die durch diese Betrachtungsweise motiviert ist: Wenn Φ ein PP ist, bezeichnen wir nämlich die zufällige Anzahl der Punkte von Φ in B, $B \in \mathfrak{B}_0{}^d$, mit $\Phi(B)$.

Man nennt die Verteilungen der Zufallsgrößen $\Phi(B)$ *eindimensionale Verteilungen* des PP Φ. Entsprechend heißen die Verteilungen der Zufallsvektoren $(\Phi(B_1), \ldots, \Phi(B_n))$, $B_1, \ldots, B_n \in \mathfrak{B}_0{}^d$, *n-dimensionale Verteilungen*.

Da PP spezielle ZAM sind, wird hier darauf verzichtet, die Begriffe Stationarität, Bewegungsinvarianz und Unabhängigkeit zu definieren; es sei auf S. 26 und 27 verwiesen.

Im Fall der Stationarität gilt für jedes $A \in \mathfrak{N}$ und jedes $x \in \mathbb{R}$

$$P(A) = P(A_x) \tag{3.1}$$

$$\text{mit } A_x = \{\varphi \in \mathcal{N} : \varphi - x \in A\}.$$

Intensitätsmaß. Eine Größe, die für PP etwa dieselbe Rolle spielt wie der Mittelwert für Zufallsgrößen, ist das *Intensitätsmaß* Λ,

$$\Lambda(B) = \mathsf{E}\Phi(B) = \int \varphi(B)\, P(\mathrm{d}\varphi); \qquad B \in \mathfrak{B}^d.$$

$\Lambda(B)$ ist die mittlere Anzahl der Punkte von Φ in B.

Eine sehr einfache Darstellung für Λ ist im stationären Fall möglich. Hier gilt

$$\Lambda(B) = \mathsf{E}\Phi(B) = \mathsf{E}\Phi(B_x) = \Lambda(B_x)$$

für alle $x \in \mathbb{R}^d$. Nach (1.8) hat dann Λ die Form

$$\Lambda(B) = \lambda V(B), \qquad 0 \leqq \lambda \leqq \infty. \tag{3.2}$$

Die Bedeutung von λ wird klar, wenn man B so wählt, daß $V(B) = 1$: λ ist die mittlere Anzahl der Punkte je Volumeneinheit. Man nennt λ *Intensität* des PP. In der Stereologie benutzt man im $\mathbb{R}^d$ die Bezeichnungen

$$\lambda = N_V \ (d = 3), \qquad = N_A \ (d = 2), \qquad = N_L \text{ bzw. } P_L \ (d = 1).$$

Im folgenden wird stets angenommen, daß $0 < \lambda < \infty$.

Das Intensitätsmaß gestattet eine oft sehr nützliche und bequeme Darstellung von Mittelwerten, wenn das „*Campbellsche Theorem*" benutzt wird:

$$\mathsf{E} \sum_{x \in \Phi} f(x) = \int_{\mathcal{N}} \sum_{x \in \varphi} f(x)\, P(\mathrm{d}\varphi) = \int_{\mathbb{R}^d} f(x)\, \Lambda(\mathrm{d}x). \tag{3.3}$$

Dabei ist f eine nichtnegative reelle meßbare Funktion auf dem $\mathbb{R}^d$. Im stationären Fall kann der Mittelwert in (3.3) durch ein gewöhnliches Volumenintegral ausgedrückt werden:

$$\mathsf{E} \sum_{x \in \Phi} f(x) = \lambda \int_{\mathbb{R}^d} f(x)\, \mathrm{d}x. \tag{3.4}$$

Die Anzahl der Punkte in Mengen mit sehr kleinem Volumen kann im stationären Fall mit Hilfe der *Formeln von* Koroljuk und Dobruschin abgeschätzt werden. Es gilt z. B. für eine Kugel B

$$\mathsf{P}\big(\Phi(B) \geqq 1\big) = \lambda V(B) + o\big(V(B)\big), \tag{3.5}$$

$$\mathsf{P}\big(\Phi(B) > 1\big) = o\big(V(B)\big). \tag{3.6}$$

Granulometrie- und Schnittverteilungen. Wie für ZAM allgemein kann man für PP Granulometrie- und Schnittverteilungen definieren; im stationären Fall lautet z. B. die sphärische Schnittverteilung

$$H_s(r) = 1 - \mathsf{P}\big(\Phi(b(o, r)) = 0\big), \qquad r \geqq 0. \tag{3.7}$$

Markierte PP. Oft ist es zweckmäßig, jedem Punkt x eines PP noch eine weitere Größe $m(x)$, eine ,,Marke", zuzuordnen. Beispiele:

x = Mitte einer Partikel,	$m(x)$ = Volumen der Partikel,
x = Standort eines Baumes,	$m(x)$ = Stammdurchmesser,
x = Mitte eines Atoms,	$m(x)$ = Typ des Atoms.

Vereinfachend wird hier angenommen, daß $m(x)$ eine reelle Zahl ist; die allgemeine Theorie findet man in [50]. Die Menge der Paare $[x_n; m_n]$ mit $m_n = m(x_n)$ bildet einen sogenannten *markierten* PP (mPP) Ψ, den man auch als Folge schreibt,

$$\Psi = \{[x_1; m_1], [x_2; m_2], \ldots\}.$$

Man kann Ψ als PP im $\mathbb{R}^{d+1}$ auffassen. Für $B \in \mathfrak{B}^d$ und $L \in \mathfrak{B}$ ist $\Psi(B \times L)$ die Anzahl der Punkte des mPP in B mit einer Marke aus L.

Bei Euklidischen Bewegungen von mPP bleiben die Marken erhalten, jeder bewegte Punkt hat nach der Bewegung dieselbe Marke wie zuvor. Beispielsweise gilt für den um x verschobenen mPP Ψ_x

$$\Psi_x = \{[x_1 + x; m_1], [x_2 + x; m_2], \ldots\}.$$

Der mPP Ψ heißt *stationär* (*bewegungsinvariant*), wenn Ψ_x für alle x ($\mathfrak{m}\Psi$ für alle Euklidischen Bewegungen $\mathfrak{m}$) dieselbe Verteilung wie Ψ hat.

Das zugehörige *Intensitätsmaß* Λ lautet

$$\Lambda(B \times L) = \mathsf{E}\Psi(B \times L),$$

d. h., $\Lambda(B \times L)$ ist die mittlere Anzahl der Punkte in B, die eine Marke in L haben.

Es gilt ebenfalls das *Campbellsche Theorem* (3.3), wobei jetzt f eine Funktion auf dem $\mathbb{R}^{d+1}$ ist. (Die $(d + 1)$-te Variable ist die Marke.) Wenn Ψ stationär ist, hat man für alle x

$$\Lambda(B \times L) = \mathsf{E}\Psi(B \times L) = \mathsf{E}\Psi(B_x \times L) = \Lambda(B_x \times L).$$

Für festes L ist also $\Lambda(\cdot \times L)$ ein verschiebungsinvariantes Maß auf $\mathfrak{B}^d$ und hat nach (1.8) die Form

$$\Lambda(B \times L) = \lambda_L V(B). \tag{3.8}$$

Man nennt λ_L die *Intensität von Ψ bez. L*, da λ_L die mittlere Anzahl der Punkte von Ψ je Volumeneinheit ist, die eine Marke aus L haben.

Die Größe λ_L ist, als Funktion von L aufgefaßt, ein Maß auf $[\mathbb{R}, \mathfrak{B}]$. Die Quotienten λ_L/λ bestimmen die sogenannte *Markenverteilung* P_m des mPP,

$$P_m(L) = \lambda_L/\lambda = \mathsf{P}\big(m(o) \in L \parallel o\big) = P_o\big(m(o) \in L\big),$$

vgl. 3.3 wegen einer anschaulichen Deutung und Erklärung von $\mathsf{P}(\cdot \parallel o)$ und P_o.

Im folgenden werden die meisten Formeln nur für nicht markierte PP angegeben. Zu den entsprechenden Formeln für mPP gelangt man, wenn man beachtet, daß ein mPP als PP im $\mathbb{R}^{d+1}$ aufgefaßt werden kann oder daß der Teil-PP eines mPP, der aus allen Punkten mit einer Marke aus einer festen Markenmenge L besteht, ein gewöhnlicher PP ist.

3.2. Momentenmaße und verwandte Größen

Ähnlich wie man die Verteilung von Zufallsgrößen durch Momente (z. B. Mittelwert und Streuung), erzeugende Funktionen usw. charakterisiert, benutzt man in der Theorie der PP Momentenmaße und verwandte Größen. Diese z. T. anschaulichen Größen ermöglichen wichtige Aussagen über die Verteilungen und spielen auch in der Statistik für PP eine große Rolle. Die folgende Darstellung beruht auf [61]; historisch wurden zuerst die Produktdichten betrachtet.

Gewöhnliche Momentenmaße. Unter dem *n-ten Momentenmaß* des PP Φ versteht man ein Maß $\mu^{(n)}$ auf $\mathfrak{B}^{dn}$, das definiert ist durch

$$\int_{\mathbb{R}^{dn}} f(x_1, \ldots, x_n)\, \mu^{(n)}\big(\mathrm{d}(x_1, \ldots, x_n)\big) = \int_{\mathcal{N}} \sum_{x_1, \ldots, x_n \in \varphi} f(x_1, \ldots, x_n)\, P(\mathrm{d}\varphi)$$
$$= \mathsf{E} \sum_{x_1, \ldots, x_n \in \Phi} f(x_1, \ldots, x_n) \qquad (3.9)$$

für jede nichtnegative meßbare reelle Funktion f auf $\mathbb{R}^{dn}$. Es gilt

$$\mu^{(n)}(B_1 \times \cdots \times B_n) = \mathsf{E}\Phi(B_1) \cdots \Phi(B_n), \qquad B_1, \ldots, B_n \in \mathfrak{B}^d,$$

und speziell für $B_1 = \cdots = B_n = B$

$$\mu^{(n)}(B^n) = \mathsf{E}\Phi(B)^n,$$

d. h., das n-te Momentenmaß liefert das n-te Moment der Zufallsgröße $\Phi(B)$. Spezialfälle:

$$n = 1: \quad \mu^{(1)}(B) = \mathsf{E}\Phi(B) = \Lambda(B),$$

$$n = 2: \quad \mu^{(2)}(B_1 \times B_2) = \mathsf{E}\Phi(B_1)\,\Phi(B_2),$$

$$\mathsf{V}\big(\Phi(B)\big) = \mu^{(2)}(B \times B) - \big(\Lambda(B)\big)^2, \qquad B, B_1, B_2 \in \mathfrak{B}^d.$$

Für die Kovarianz der Anzahlen $\Phi(B_1)$ und $\Phi(B_2)$ gilt

$$\operatorname{cov}\big(\Phi(B_1), \Phi(B_2)\big) = \mathsf{E}\Phi(B_1)\,\Phi(B_2) - \mathsf{E}\Phi(B_1)\,\mathsf{E}\Phi(B_2)$$
$$= \mu^{(2)}(B_1 \times B_2) - \Lambda(B_1)\,\Lambda(B_2), \qquad B_1, B_2 \in \mathfrak{B}^d.$$

Von Interesse sind ferner auch „Kreuzkovarianzen" zweier verschiedener PP Φ_1 und Φ_2,

$$\operatorname{cov}\big(\Phi_1(B_1), \Phi_2(B_2)\big) = \mathsf{E}\Phi_1(B_1)\,\Phi_2(B_2) - \mathsf{E}\Phi_1(B_1)\,\mathsf{E}\Phi_2(B_2),$$
$$B_1, B_2 \in \mathfrak{B}^d.$$

Wenn der PP stationär ist, sind die $\mu^{(n)}$ translationsinvariant, d. h., es gilt

$$\mu^{(n)}(B_1 \times \cdots \times B_n) = \mu^{(n)}\big((B_1 + x) \times \cdots \times (B_n + x)\big)$$

für alle $x \in \mathbb{R}^d$ und alle $B_1, \ldots, B_n \in \mathfrak{B}^d$. Im isotropen Fall ist eine analoge Beziehung erfüllt. Eine vereinfachte Darstellung des 2. Momentenmaßes wird in 3.4 behandelt.

Faktorielle Momentenmaße. Unter dem *n-ten faktoriellen Momentenmaß* des PP Φ versteht man ein Maß $\alpha^{(n)}$ auf $\mathfrak{B}^{dn}$, das definiert ist durch

$$\int_{\mathbb{R}^{dn}} f(x_1, \ldots, x_n)\,\alpha^{(n)}\big(\mathrm{d}(x_1, \ldots, x_n)\big)$$
$$= \int_{\mathcal{N}} \sum_{x_1, \ldots, x_n \in \varphi}^{*} f(x_1, \ldots, x_n)\,\mathsf{P}(\mathrm{d}\varphi), \tag{3.10}$$

wobei f wiederum eine nichtnegative meßbare reelle Funktion auf $\mathbb{R}^{dn}$ ist; die Summation erfolgt über alle n-Tupel mit paarweise verschiedenen Gliedern. Der Unterschied zu $\mu^{(n)}$ besteht darin, daß die n Punkte $x_1, \ldots, x_n$, die in (3.9) und (3.10) auftreten, in (3.10) untereinander verschieden sein müssen.

Für paarweise disjunkte Borel-Mengen $B_1, \ldots, B_n$ gilt natürlich

$$\alpha^{(n)}(B_1 \times \cdots \times B_n) = \mu^{(n)}(B_1 \times \cdots \times B_n). \tag{3.11}$$

Für $n = 2$ hat man

$$\mu^{(2)}(B_1 \times B_2) = \Lambda(B_1 \cap B_2) + \alpha^{(2)}(B_1 \times B_2)$$

wegen

$$\begin{aligned}\mu^{(2)}(B_1 \times B_2) &= \int_{\mathcal{N}} \sum_{x_1, x_2 \in \varphi} \mathbf{1}_{B_1}(x_2)\, \mathbf{1}_{B_2}(x_2)\, P(\mathrm{d}\varphi) \\ &= \int_{\mathcal{N}} \Big\{\sum_{\substack{x_1, x_2 \in \varphi \\ x_1 \neq x_2}} \mathbf{1}_{B_1}(x_2)\, \mathbf{1}_{B_2}(x_2) + \sum_{\substack{x_1, x_2 \in \varphi \\ x_1 = x_2}} \mathbf{1}_{B_1}(x_1) \cdot \mathbf{1}_{B_2}(x_2)\Big\}\, P(\mathrm{d}\varphi) \\ &= \int_{\mathcal{N}} \sum_{\substack{x_1, x_2 \in \varphi \\ x_1 \neq x_2}} \mathbf{1}_{B_1}(x_1)\, \mathbf{1}_{B_2}(x_2)\, P(\mathrm{d}\varphi) + \int_{\mathcal{N}} \sum_{x \in \varphi} \mathbf{1}_{B_1 \cap B_2}(x)\, P(\mathrm{d}\varphi).\end{aligned}$$

Der Name „faktorielles Momentenmaß“ rührt daher, daß $\alpha^{(n)}$ das sogenannte faktorielle Moment n-ter Ordnung von $\Phi(B)$ liefert, nämlich

$$\alpha^{(n)}(B^n) = \mathsf{E}\big[\Phi(B)\big(\Phi(B) - 1\big) \cdots \big(\Phi(B) - n + 1\big)\big].$$

Produktdichten $\varrho^{(n)}$. Das faktorielle Momentenmaß $\alpha^{(n)}$ sei lokalendlich und absolutstetig bez. des Lebesgue-Maßes ν_{dn}. Dann existiert eine Dichte $\varrho^{(n)}$ von $\alpha^{(n)}$ mit

$$\alpha^{(n)}(B_1 \times \cdots \times B_n) = \int_{B_n} \cdots \int_{B_1} \varrho^{(n)}(x_1, \ldots, x_n)\, \mathrm{d}x_1 \cdots \mathrm{d}x_n \tag{3.12}$$

und

$$\begin{aligned}\mathsf{E} \sum_{x_1, \ldots, x_n \in \Phi}^{*} f(x_1, \ldots, x_n) &= \int_{\mathbb{R}^{dn}} f(x_1, \ldots, x_n)\, \alpha^{(n)}\big(\mathrm{d}(x_1, \ldots, x_n)\big) \\ &= \int_{\mathbb{R}^{dn}} f(x_1, \ldots, x_n)\, \varrho^{(n)}(x_1, \ldots, x_n) \\ &\qquad\qquad \mathrm{d}(x_1, \ldots, x_n).\end{aligned}$$

Im Sinne einer heuristischen Betrachtungsweise kann man mit dem Begriff der Produktdichte folgende anschauliche Vorstellung verbinden: Es seien $C_1, \ldots, C_n$ paarweise durchschnittsfremde Kugeln mit infinitesimalen Volumina $\mathrm{d}V_1, \ldots, \mathrm{d}V_n$ und den

Mittelpunkten $x_1, \ldots, x_n$. Dann ist $\varrho^{(n)}(x_1, \ldots, x_n) \, \mathrm{d}V_1 \cdots \mathrm{d}V_n$ als die Wahrscheinlichkeit dafür interpretierbar, daß in $x_1, \ldots, x_n$ je ein Punkt des PP liegt.

Für paarweise durchschnittsfremde Borel-Mengen $B_1, \ldots, B_n$ ergeben (3.11) und (3.12)

$$\mu^{(n)}(B_1 \times \cdots \times B_n) = \int_{B_n} \cdots \int_{B_1} \varrho^{(n)}(x_1, \ldots, x_n) \, \mathrm{d}x_1 \cdots \mathrm{d}x_n .$$

Ist Φ stationär, so gilt $\varrho^{(1)} \equiv \lambda$, und $\varrho^{(2)}$ ist nur von der Differenz der Punkte x_1 und x_2 abhängig,

$$\varrho^{(2)}(x_1, x_2) = f_s(x_1 - x_2); \qquad x_1, x_2 \in \mathbb{R}^d .$$

Ist Φ bewegungsinvariant, so hängt $\varrho^{(2)}$ sogar nur vom Abstand r von x_1 und x_2 ab,

$$\varrho^{(2)}(x_1, x_2) = f_i(\varrho(x_1, x_2)) = f_i(r) .$$

Der Einfachheit halber wird im folgenden die Funktion $f_i(r)$ ebenfalls mit dem Symbol $\varrho^{(2)}$ bezeichnet und Produktdichte genannt.

Erzeugendes Funktional G. Ein wichtiges Hilfsmittel bei der Untersuchung ganzzahliger Zufallsgrößen X ist die erzeugende Funktion

$$G_X(t) = \mathsf{E}t^X = \sum_{n=0}^{\infty} t^n \mathsf{P}(X = n); \qquad 0 \leqq t \leqq 1 .$$

Es gilt z. B. für Mittelwert und Streuung von X

$$\mathsf{E}X = G_X'(1) \quad \text{und} \quad \mathsf{V}X = G_X''(1) + G_X'(1) \, [1 - G_X'(1)] .$$

Eine analoge Größe für PP ist das erzeugende Funktional. Es bezeichne $\mathfrak{U}$ die Menge aller beschränkten nichtnegativen meßbaren reellen Funktionen u auf dem $\mathbb{R}^d$, für die die Menge $\{x \in \mathbb{R}^d \colon u(x) > 0\}$ beschränkt ist. Ferner sei $\mathfrak{V}$ die Menge aller Funktionen v,

$$v = 1 - u , \qquad u \in \mathfrak{U} , \qquad 0 \leqq u \leqq 1 .$$

Dann setzt man für $\Phi = \{x_1, x_2, \ldots\}$

$$G(v) = \mathsf{E}[v(x_1) \, v(x_2) \cdots] = \mathsf{E} \prod_{x \in \Phi} v(x) = \int_{\mathcal{N}} \prod_{x \in \varphi} v(x) \, P(\mathrm{d}\varphi) , \qquad v \in \mathfrak{V} .$$

Das erzeugende Funktional G bestimmt die Verteilung P von Φ eindeutig. Aus G kann man nämlich die erzeugenden Funktionen

$G_{B_1,\ldots,B_n}$ der Zufallsvektoren $(\Phi(B_1), \ldots, \Phi(B_n))$ für beschränkte Borel-Mengen $B_1, \ldots, B_n$ (und somit ihre endlichdimensionalen Verteilungen) berechnen:

$$G_{B_1,\ldots,B_n}(t_1, \ldots, t_n) = \mathsf{E} t_1^{\Phi(B_1)} \cdots t_n^{\Phi(B_n)} = G(t_1^{\mathbf{1}_{B_1}(\cdot)} \cdots t_n^{\mathbf{1}_{B_n}(\cdot)}),$$
$$0 \leqq t_1, \ldots, t_n \leqq 1.$$

Speziell im Fall $n = 1$ gilt

$$G_B(t) = G(v) \quad \text{mit} \quad v(x) = 1 + (t-1)\,\mathbf{1}_B(x).$$

Auch die faktoriellen Momentenmaße lassen sich aus G gewinnen:

$$\alpha^{(n)}(B_1 \times \cdots \times B_n) = (-1)^n \left[\frac{\partial}{\partial s_1} \cdots \frac{\partial}{\partial s_n} G(1 - s_1\mathbf{1}_{B_1} - \cdots - s_n\mathbf{1}_{B_n})\right]_{s_1 = \cdots = s_n = 0}.$$

Umgekehrt kann man unter gewissen Voraussetzungen mit Hilfe der faktoriellen Momentenmaße das erzeugende Funktional berechnen:

Wenn $\alpha^{(n)}(B_1 \times \cdots \times B_n) < \infty$ für alle n und alle beschränkten $B_1, \ldots, B_n \in \mathfrak{B}^d$ ist, dann gilt für jedes $u \in \mathfrak{U}$

$$G(1-u) = 1 + \sum_{n=1}^{\infty} \frac{(-1)^n}{n!} \int u(x_1) \cdots u(x_n)\, \alpha^{(n)}(\mathrm{d}(x_1, \ldots, x_n)),$$

falls die rechte Seite konvergiert.

3.3. *Palmsche Verteilungen*

Heuristische Vorbetrachtung. Manche Untersuchungen an PP lassen es wünschenswert erscheinen, Wahrscheinlichkeitsmaße $\mathsf{P}(\cdot \parallel x)$ zu konstruieren, die geeignet sind, das Verhalten des PP zu beschreiben unter der Bedingung, daß im Ort x ein Punkt des Prozesses liegt. Man könnte dann z. B. mit $\mathsf{P}(\Phi(b^\circ(x, r)) \geqq 2 \parallel x)$ die Wahrscheinlichkeit dafür bezeichnen, daß sich in der offenen Kugel $b^\circ(x, r)$ um x mit dem Radius r noch weitere Punkte von Φ befinden, unter der Bedingung, daß in x bereits ein Punkt ist.

Falls der PP stationär ist, wird man annehmen, daß die Wahrscheinlichkeitsmaße $\mathsf{P}(\cdot \parallel x)$ für verschiedene $x \in \mathbb{R}^d$ gewissermaßen durch Verschiebung auseinander hervorgehen, genauer gesagt, daß

(i) $\quad \mathsf{P}(\Phi \in A \parallel x) = \mathsf{P}(\Phi_x \in A \parallel o)$

bzw.

$$\mathsf{P}(\Phi \in A_x \parallel x) = \mathsf{P}(\Phi \in A \parallel o), \qquad x \in \mathbb{R}^d, \qquad A \in \mathfrak{N}.$$

In diesem Fall liegt es nahe, die Funktion D mit

$$D(r) = \mathsf{P}\big(\Phi\big(b^\circ(o, r)\big) \geqq 2 \parallel o\big), \qquad r \geqq 0$$

als die *Verteilungsfunktion des Abstandes zum nächsten Nachbarn* (von einem „typischen" Punkt des stationären PP aus gesehen) aufzufassen. Um die exakte mathematische Definition einer geeigneten Verteilung vorzubereiten, die $\mathsf{P}(\cdot \parallel o)$ für stationäre PP entspricht, führen wir zunächst folgende Plausibilitätsbetrachtung durch. Sei Φ ein (vorerst nicht notwendig stationärer) PP mit der Verteilung P und dem lokalendlichen nichtverschwindenden Intensitätsmaß Λ. Für eine vorgegebene meßbare nichtnegative Funktion h auf $\mathbb{R}^d \times \mathcal{N}$ soll die Größe

$$\mathsf{E} \sum_{x \in \Phi} h(x, \Phi) = \int \sum_{x \in \varphi} h(x, \varphi)\, P(\mathrm{d}\varphi)$$

berechnet werden. Ein Beispiel für eine derartige Funktion h ist $h(x, \varphi) = \mathbf{1}_B(x)\, \mathbf{1}_A(\varphi - x)$ mit $B \in \mathfrak{B}^d$, $A \in \mathfrak{N}$; speziell etwa $A = \big\{\varphi \in \mathcal{N} : \varphi\big(b^\circ(o, r)\big) \geqq 2\big\}$.

Für eine beliebige Zerlegung des $\mathbb{R}^d$ in Mengen $D_1, D_2, \ldots \in \mathfrak{B}^d$ mit $V(D_k) > 0$ $(k = 1, 2, \ldots)$ erhält man

$$\mathsf{E} \sum_{x \in \Phi} h(x, \Phi) = \sum_{(k)} \mathsf{E} \Big\{ \sum_{x \in \Phi \cap D_k} h(x, \Phi) \,\Big|\, \Phi(D_k) > 0\Big\}\, \mathsf{P}\big(\Phi(D_k) > 0\big).$$

Wenn man im Sinne einer anschaulichen Betrachtungsweise D_k gegen ein infinitesimales Raumelement $\mathrm{d}x$ streben läßt, wird man erwarten, daß $\mathsf{P}\big(\Phi(D_k) > 0\big)$ in $\Lambda(\mathrm{d}x)$ übergeht und der bedingte Erwartungswert auf der rechten Seite in den Erwartungswert von $h(x, \Phi)$ bez. $\mathsf{P}(\cdot \parallel x)$, für den sich die Bezeichnung $\mathsf{E}\big(h(x, \Phi) \parallel x\big)$ anbietet. Somit entsteht eine Formel der Gestalt

(ii*) $\quad \mathsf{E} \sum_{x \in \Phi} h(x, \Phi) = \int_{\mathbb{R}^d} \mathsf{E}\big(h(x, \Phi) \parallel x\big)\, \Lambda(\mathrm{d}x).$

Von jetzt an sei Φ stationär. Dann folgt aus den obigen Voraussetzungen über das Intensitätsmaß $\Lambda = \lambda V$ mit $0 < \lambda < \infty$, und aus (ii*) ergibt sich mit (i)

$$\text{(ii)}\quad \mathsf{E} \sum_{x \in \Phi} h(x, \Phi) = \lambda \int \mathsf{E}\big(h(x, \Phi_x) \parallel o\big)\, \mathrm{d}x.$$

Wir setzen

$$P_0(A) = \mathsf{P}(\Phi \in A \parallel o), \qquad A \in \mathfrak{N},$$

und erhalten auf diese Weise eine Verteilung P_0 auf $[\mathcal{N}, \mathfrak{N}]$. Mit der neuen Bezeichnung läßt sich (ii) schreiben als

$$\text{(iii)}\quad \int \sum_{x \in \varphi} h(x, \varphi)\, P(\mathrm{d}\varphi) = \lambda \int_{\mathbb{R}^d} \int_{\mathcal{N}} h(x, \varphi_x)\, P_0(\mathrm{d}\varphi)\, \mathrm{d}x.$$

Speziell bekommt man für $h(x, \varphi) = \mathbf{1}_B(x)\, \mathbf{1}_A(\varphi - x)$

$$\text{(iv)}\quad \int \sum_{x \in \varphi \cap B} \mathbf{1}_A(\varphi - x)\, P(\mathrm{d}\varphi) = \lambda V(B)\, P_0(A), \qquad B \in \mathfrak{B}^d, \qquad A \in \mathfrak{N}.$$

Im nächsten Abschnitt wird eine Verteilung auf $[\mathcal{N}, \mathfrak{N}]$ konstruiert, die sich so verhält, wie es von der vorerst noch hypothetischen Verteilung P_0 erwartet wird; sie erfüllt also insbesondere (iii), und ihre Definition ist durch (iv) inspiriert. Es sei darauf hingewiesen, daß man $\mathsf{P}(\cdot \parallel o)$ und damit P_0 nicht als bedingte Wahrscheinlichkeit im elementaren Sinn auffassen kann, da die Wahrscheinlichkeit der Bedingung „$o \in \Phi$" gleich Null ist.

Definition der Palmschen Verteilung. Es sei Φ ein stationärer PP mit der Verteilung P und der Intensität λ, $0 < \lambda < \infty$. Dann ist durch

$$P_0(A) = \int \sum_{x \in \varphi \cap B} \mathbf{1}_A(\varphi - x)\, P(\mathrm{d}\varphi)/\lambda V(B), \qquad A \in \mathfrak{N},$$

$$\text{für beliebiges } B \in \mathfrak{B}^d \text{ mit } V(B) > 0$$

eine Verteilung auf $\mathfrak{N}$ gegeben, die *Palmsche Verteilung* zu P genannt wird. Man kann zeigen, daß dieses Wahrscheinlichkeitsmaß P_0 nicht von der speziellen Wahl von B abhängt. (Ausführliche Darstellungen der Theorie der Palmschen Verteilungen findet man in [44, 48, 50, 58].)

Nach Definition ist $\lambda V(B)\, P_0(A)$ gleich der mittleren Anzahl der Punkte x von Φ in B mit der Eigenschaft, daß Φ nach einer Verschiebung, die x in den Ursprung o überführt, zu $A \in \mathfrak{N}$ gehört. Hierauf beruht die statistische Bestimmung von Größen, die mit der Palmschen Verteilung zusammenhängen (vgl. 3.6).

Es gilt das sogenannte *verfeinerte Campbellsche Theorem* (vgl. [58]): *Für jede nicht negative, meßbare Funktion h auf $\mathbb{R}^d \times \mathcal{N}$ ist*

$$\mathsf{E} \sum_{x \in \Phi} h(x, \Phi) = \int \sum_{x \in \varphi} h(x, \varphi) \, P(\mathrm{d}\varphi) = \lambda \int \int h(x, \varphi_x) \, P_0(\mathrm{d}\varphi) \, \mathrm{d}x. \tag{3.13}$$

Als Spezialfall ergibt sich das Campbellsche Theorem (3.3) für $h(x, \varphi) = f(x)$.
Viele Aufgaben aus der Punktprozeßtheorie bestehen letztlich in der Berechnung von Größen, die die Gestalt der linken Seite von (3.13) besitzen. Durch die Formel ist eine Zurückführung auf relativ einfache Integrationsprozesse möglich.

Das Verteilungsgesetz P kann aus P_0 zurückgewonnen werden. Beispielsweise besteht folgender Zusammenhang:

$$k\mathsf{P}\big(\Phi(B) = k\big) = \lambda \int_B P_0\big(\{\varphi : \varphi(B - x) = k\}\big) \, \mathrm{d}x,$$
$$k = 1, 2, \ldots \tag{3.14}$$

Auch für mPP betrachtet man Palmsche Verteilungen. Insbesondere gilt für die auf S. 42 eingeführte Markenverteilung

$$P_m(L) = P_0\big(m(o) \in L\big), \qquad L \in \mathfrak{B}.$$

Der Anschaulichkeit halber wird im folgenden manchmal von „*typischen Punkten*" gesprochen. So wird gesagt, „der Abstand des typischen Punktes von seinem nächsten Nachbarn sei exponentialverteilt", wenn der Abstand des Ursprungs o zum nächsten Punkt des PP bez. der Palmschen Verteilung eine Exponentialverteilung hat; entsprechend bedeutet der Satz „die Marke des typischen Punktes eines mPP liegt mit Wahrscheinlichkeit p in L", daß für die Markenverteilung P_m gilt $P_m(L) = p$.

3.4. Beschreibung des 2. Momentenmaßes

Wie für Zufallsgrößen die Streuung, so ist für PP das 2. Momentenmaß von besonderer Bedeutung, und man ist daher bestrebt, es möglichst einfach darzustellen. Dabei leistet die Palmsche Verteilung wertvolle Dienste.

Wenn der PP Φ stationär ist, so folgt aus dem verfeinerten Campbellschen Theorem für die folgende Funktion h,

$$h(x, \varphi) = \mathbf{1}_{B_1}(x)\, \varphi(B_2 \setminus \{x\}), \qquad B_1, B_2 \in \mathfrak{B}^d,$$

die Beziehung

$$\alpha^{(2)}(B_1 \times B_2) = \int \sum_{x,y \in \varphi}^{*} \mathbf{1}_{B_1}(x)\, \mathbf{1}_{B_2}(y)\, P(\mathrm{d}\varphi)$$

$$= \int \sum_{x \in \varphi} \mathbf{1}_{B_1}(x)\, \varphi(B_2 \setminus \{x\})\, P(\mathrm{d}\varphi)$$

$$= \lambda \int_{\mathbb{R}^d} \int_{\mathcal{N}} \mathbf{1}_{B_1}(x)\, \varphi((B_2 - x) \setminus \{o\})\, P_o(\mathrm{d}\varphi)\, \mathrm{d}x.$$

Die Größe

$$\lambda \mathfrak{K}(A) = \int_{\mathcal{N}} \varphi(A \setminus \{o\})\, P_o(\mathrm{d}\varphi), \qquad A \in \mathfrak{B}^d,$$

ist gleich der mittleren Punktanzahl in der Menge $A \setminus \{o\}$ bez. der Palmschen Verteilung. Auf diese Weise ist ein Maß auf $\mathfrak{B}^d$ erklärt. Somit gilt

$$\alpha^{(2)}(B_1 \times B_2) = \lambda^2 \int_{B_1} \mathfrak{K}(B_2 - x)\, \mathrm{d}x = \lambda^2 \int_{B_1} \int_{\mathbb{R}^d} \mathbf{1}_{B_2}(x + h)\, \mathfrak{K}(\mathrm{d}h)\, \mathrm{d}x$$

oder

$$\mu^{(2)}(B_1 \times B_2) = \lambda V(B_1 \cap B_2) + \lambda^2 \int \int \mathbf{1}_{B_1}(x)\, \mathbf{1}_{B_2}(x + h)\, \mathrm{d}x \mathfrak{K}(\mathrm{d}h).$$

Das 2. Momentenmaß ist also vollständig durch λ und das sogenannte *2. reduzierte* Momentenmaß $\mathfrak{K}$ bestimmt (vgl. [81, 87]).

Wenn Φ auch isotrop ist, genügt bereits K mit

$$K(r) = \mathfrak{K}(b(o, r)), \qquad r \geqq 0,$$

zur Beschreibung von $\mathfrak{K}$. Die Größe $\lambda K(r)$ ist gleich der mittleren Anzahl der Punkte in einer Kugel mit dem Radius r um einen „typischen" Punkt von Φ, der selbst nicht mitgezählt wird.

Die Streuung der Punktanzahl in der beschränkten Borel-Menge B, $\mathsf{V}\Phi(B)$, ist gleich

$$\mathsf{V}\Phi(B) = \lambda^2 \int_0^\infty S_B(r)\, \mathrm{d}K(r) + \lambda V(B) - (\lambda V(B))^2$$

mit

$$S_B(r) = (1/d\omega_d) \int_{\partial b(o,1)} V(B \cap B_{(r,\beta)})\, \mathrm{d}\beta, \qquad r \geqq 0,$$

wobei (r, β) der Punkt des $\mathbb{R}^d$ mit den Kugelkoordinaten r $(r \geqq 0)$ und β $\big(\beta \in \partial b(o, 1)\big)$ ist. (Der Oberflächeninhalt der Einheitskugel im $\mathbb{R}^d$ ist gleich $d\omega_d$.) Speziell für $d = 2$ gilt

$$S_B(r) = \int_0^{2\pi} F\big(B \cap B_{(r,\beta)}\big)\, \mathrm{d}\beta/2\pi, \qquad r \geqq 0,$$

und für $B = b(o, R)$

$$S_B(r) = \begin{cases} 2R^2 \arccos \dfrac{r}{2R} - \dfrac{r}{2}\sqrt{4R^2 - r^2}, & 0 \leqq r \leqq 2R, \\ 0 & \text{sonst.} \end{cases}$$

Die Form von $K(r)$ ermöglicht gewisse Aussagen über die Eigenschaften des untersuchten PP. Als sehr einfaches Beispiel (für $d = 2$) sei genannt: Liegt $K(r)$ über der Parabel $f(r) = \pi r^2$, so treten die Punkte „clusterförmig" auf, während dann, wenn $K(r)$ unter dieser Parabel liegt, zwischen den Punkten eine „Abstoßung" vorliegt.

Wenn die Ableitung zu $K(r)$ existiert, kann man die Produktdichte $\varrho^{(2)}$ durch K ausdrücken,

$$\varrho^{(2)}(r) = \lambda^2 \frac{\mathrm{d}K(r)}{\mathrm{d}r} \Big/ \mathrm{d}\omega_d r^{d-1}, \qquad r \geqq 0.$$

In der Festkörperphysik arbeitet man schon seit langem mit Größen, die eng mit $K(r)$ und $\varrho^{(2)}(r)$ verwandt sind. Die dort untersuchten PP sind Mengen von Mittelpunkten von Partikeln (Atome, Moleküle usw.) im $\mathbb{R}^3$, und es gibt technische Geräte, die, z. B. mittels Röntgenstrahlen, $K(r)$ und $\varrho^{(2)}(r)$ liefern (vgl. [11]). In der Physik nennt man $g(r) = W(r) = \varrho^{(2)}(r)/\lambda^2$ „pair correlation function" oder „Paarverteilungsfunktion" und benutzt die sogenannte Radialverteilungsfunktion RDF(r), die mit $K(r)$ und $\varrho^{(2)}(r)$ wie folgt zusammenhängt:

$$\mathrm{RDF}\,(r) = \lambda \frac{\mathrm{d}K(r)}{\mathrm{d}r} = 4\pi r^2 \varrho^{(2)}(r)/\lambda, \qquad r \geqq 0 (d = 3).$$

Die Größe RDF (r) dr ist also die mittlere Anzahl von Punkten mit einem Abstand zwischen r und $r + \mathrm{d}r$ von einem „typischen" Punkt des PP.

Abschließend sei bemerkt, daß man für zwei PP Φ_1 und Φ_2 eine Funktion $K_{1,2}$ definieren kann, die die Korrelationen zwischen ihnen in ähnlicher Art und Weise bestimmt wie K die Streuungen (vgl. [82]).

3.5. *Operationen mit Punktprozessen*

In diesem Abschnitt betrachten wir zwei Operationen mit PP bzw. Transformationen von PP, die es gestatten, aus gegebenen PP neue, kompliziertere, realen Aufgaben besser angepaßte Modelle zu konstruieren, nämlich Verdünnungen und Schauerbildungen. Eine weitere wichtige Klasse von Operationen bilden die Überlagerungen von PP.

Verdünnungen. Bei *Verdünnungen* werden gewisse Punkte eines primären PP Φ nach bestimmten Regeln entfernt. Man unterscheidet abhängige und unabhängige Verdünnungen. Bei *unabhängigen Verdünnungen* wird für die Punkte von Φ unabhängig voneinander entschieden, ob sie entfernt werden oder nicht. Wichtige Beispiele hierfür sind die folgenden.

(a) *p-Verdünnung.* Für jeden Punkt von Φ ist die Wahrscheinlichkeit dafür, daß er „überlebt", also nicht eliminiert wird, gleich p.

(b) *$p(x)$-Verdünnung.* Gegeben sei eine Funktion p mit $0 \leqq p(x) \leqq 1$; $x \in \mathbb{R}^d$. Die Wahrscheinlichkeit dafür, daß ein in x befindlicher Punkt von Φ „überlebt", ist gleich $p(x)$.

(c) *$\pi(x)$-Verdünnung.* Es sei $\{\pi(x)\}_{x\in\mathbb{R}^d}$ ein von Φ unabhängiges Zufallsfeld; $0 \leqq \pi(x) \leqq 1$. Eine Realisierung des verdünnten Prozesses Φ_D entsteht aus je einer Realisierung von φ und $\{p(x)\}_{x\in\mathbb{R}^d}$ von $\{\pi(x)\}_{x\in\mathbb{R}^d}$, indem die $x \in \varphi$ jeweils mit Wahrscheinlichkeit $1 - p(x)$ entfernt werden.

Wenn Φ stationär und isotrop ist, so gilt dasselbe auch für Φ_D im Fall (a) und im Fall (c), wenn $\{\pi(x)\}_{x\in\mathbb{R}^d}$ stationär und isotrop ist. Für die Intensität λ_D von Φ_D und die Produktdichte 2. Ordnung $\varrho_D^{(2)}$ bzw. das 2. reduzierte Momentenmaß K_D gelten folgende Formeln:

$$\lambda_D = p\lambda,$$

wobei im Fall einer $\pi(x)$-Verdünnung $p = \mathsf{E}\pi(x)$ ist,

$$\varrho_D^{(2)}(r) = p^2 \varrho^{(2)}(r),\ K_D(r) = K(r) \quad (p\text{-Verdünnung}),$$

$$\varrho_D^{(2)}(r) = C(r)\, \varrho^{(2)}(r),\ K_D(r) = \int_0^r C(t)\, \mathrm{d}K(t)/p^2 \quad (\pi(x)\text{-Verdünnung}),$$

wobei $C(r) = \mathsf{E}\pi(o)\, \pi(x)$, $\varrho(o, x) = r$ ist, d. h., $C(r) - p^2$ ist die Kovarianzfunktion von $\{\pi(x)\}_{x \in \mathbb{R}^d}$.

Beispiele für *abhängige Verdünnungen* sind Prozeduren, die auf die Hard-Core-Prozesse von MATÉRN führen (vgl. [35, 54] und 6.2).

Schauerbildungen. Bei *Schauer-* oder *Clusterbildungen* wird jedem Punkt x des Ausgangspunktprozesses Φ ein PP N^x zugeordnet. Der PP Φ_S,

$$\Phi_S = \bigcup_{x \in \Phi} N^x,$$

heißt *Schauer-* oder *Clusterprozeß*. (Dabei wird angenommen, daß Punkte verschiedener Schauer N^x und N^y nur mit Wahrscheinlichkeit Null aufeinander fallen. Es sind übrigens beide Fälle $x \in N^x$ oder $x \notin N^x$ möglich, je nach Modellwahl. Durch geeignete Voraussetzungen kann man sichern, daß sich die Punkte von Φ_S nirgends häufen.) Abb. 6 zeigt eine Realisierung eines Schauerprozesses. Formal kann man Verdünnungen als spezielle Schauerbildungen ansehen, bei denen die Schauer entweder gleich der leeren Menge sind (verschwindende Punkte) oder gleich dem Elternpunkt.

Schauerprozesse dienen zur Beschreibung vieler Naturerscheinungen. Eine typische Interpretation ist die folgende. Gegeben sind zunächst zufällig verteilte Standorte von Pflanzen („Elternpunkte"). Diese erzeugen Samen, die zufällig in der Umgebung der Elternpunkte verteilt werden (z. B. durch den Wind) und somit zu neuen Standorten führen („Tochterpunkte"). Ein wichtiger Spezialfall ist der NEYMAN-SCOTT-Prozeß (vgl. 6.2).

Im folgenden betrachten wir den Fall, daß die Schauer N^x von Φ unabhängig sind und die Form

$$N^x = N(x) + x$$

haben, wobei die $N(x)$ identisch verteilte unabhängige endliche Punktmengen mit der Verteilung $\mathfrak{S}$ bilden („homogene unabhängige Schauer"). Die Intensität λ_S des Schauerprozesses Φ_S ist

$\lambda_S = \lambda \bar{s}$, wobei $\bar{s}$ die mittlere Anzahl der Punkte eines Schauers ist.

Wenn G, G_0 und G_S die erzeugenden Funktionale von Φ, $N(o)$ und Φ_S sind, so gilt

$$G_S(v) = G\big(G_{(\cdot)}(v)\big) = \int_{\mathcal{N}} \prod_{x \in \varphi} G_x(v)\, P(\mathrm{d}\varphi) \tag{3.15}$$

mit

$$G_x(v) = G_0\big(v(x + \cdot)\big) = \int_{\mathcal{N}} \prod_{y \in n} v(x + y)\, \mathfrak{S}(\mathrm{d}n).$$

3.6. Statistik für stationäre Punktprozesse

Im folgenden wird ein kurzer Überblick über statistische Verfahren zur Bestimmung von λ und $K(r)$ sowie weiterer Kenngrößen für stationäre PP gegeben. (Der Spezialfall des stationären Poisson-Prozesses wird in 6.1.4 behandelt.) Das Ziel der Statistik ist hier — wie auch sonst — eine Datenreduktion, eine Beschreibung des meist umfangreichen Datenmaterials durch mathematische Modelle mit möglichst wenigen, anschaulich deutbaren Parametern.

Die übliche Vorgehensweise ist die, daß man eine Realisierung φ des PP in einem Untersuchungsgebiet B, dem „Stichprobenfenster", auswertet und aus den gewonnenen Daten Schätzwerte bestimmt. Im folgenden wird vor allem der Fall ebener PP behandelt; für die Statistik von PP auf der Zahlengeraden (zeitliche Vorgänge) (siehe u. a. [10, 94]); räumliche PP erfordern oft komplizierte Untersuchungsmethoden (Stereologie, vgl. Kapitel 9; Röntgenstrukturanalyse).

Die Auswahl der statistischen Größen hängt wesentlich von den anwendbaren Meßverfahren ab. Ideal ist es, wenn man eine Karte des Punktmusters auswerten kann; Schwierigkeiten ergeben sich, wenn — etwa bei geologischen oder ökologischen Fragestellungen — „im Feld" gemessen wird und das Aufsuchen sämtlicher Punkte mühevoll ist. Typische angepaßte Größen sind im ersten Fall Punktanzahlen in Quadraten und im zweiten Fall Abstände der Punkte untereinander oder zu zufällig gewählten Punkten im Stichprobenfenster.

Schätzungen für das 2. reduzierte Momentenmaß $K(r)$, die Abstandsverteilung $D(r)$ oder die sphärische Schnittverteilung $H_s(r)$ helfen bei der Suche nach geeigneten Modellen, falls ein Poisson-Prozeß als nicht angemessen erscheint.

Schätzung von λ.

$$\hat{\lambda} = \frac{\Phi(B)}{V(B)} = \frac{\text{Anzahl der Punkte in } B}{\text{Volumen (Fläche) von } B}. \tag{3.16}$$

Diese Schätzung ist erwartungstreu wegen

$$\mathsf{E}\hat{\lambda} = \mathsf{E}\big(\Phi(B)/V(B)\big) = \lambda V(B)/V(B).$$

Ein auf (3.5) beruhendes Schätzverfahren für λ, bei dem Abstände gemessen werden, wurde in [83] vorgeschlagen (vgl. auch [88], S. 134).

Schätzung von $K(r)$ und $\mathfrak{K}(E)$.

(a) λ bekannt, Φ stationär und isotrop:

$$\lambda^2\hat{K}(r) = \sum_{\substack{x,y\in\Phi\cap B^{(r)}\\ 0<\varrho(x,y)\leqq r}} k(x,y)/V(B^{(r)}), \qquad r \geqq 0, \tag{3.17}$$

mit

$$k(x, y) = \varrho(x,y)^{\,d-1}\omega_d/\nu_{d-1}\big(\partial b(x, \varrho(x, y)) \cap B\big),$$

$$B^{(r)} = \big\{x \in B \colon \partial\big(b(x, r)\big) \cap B \neq \emptyset\big\}.$$

Im Fall des $\mathbb{R}^2$ ist $k(x, y) = 2\pi/\alpha_{xy}$, wobei α_{xy} die Summe der Zentriwinkel der Kreisbögen in B zu einem Kreis um x mit dem Radius $\varrho(x, y)$ ist.

(b) λ bekannt, Φ stationär:

$$\lambda^2\hat{\mathfrak{K}}(E) = \sum_{\substack{x,y\in\Phi\cap B\\ x-y\in E,\,x\neq y}} 1/V(B_x \cap B_y), \qquad E \in \mathfrak{B}^d. \tag{3.18}$$

Wenn λ unbekannt ist, setze man in (3.17) und (3.18) anstelle von λ einen Schätzwert $\hat{\lambda}$ ein, z. B. den in (3.16). Der erwartungstreue Schätzer (3.17) ist eine Verallgemeinerung des in [87] angegebenen Schätzers (vgl. [79]). Die Berechnung von $\hat{K}$ und $\hat{\mathfrak{K}}$ ist recht aufwendig und sollte mittels Rechenautomaten erfolgen.

In [81] wurde gezeigt, daß man $\mathfrak{K}$ auch zum Auffinden von Orientierungen in PP benutzen kann; diese „Orientierungsanalyse" wurde in [38] unter Benutzung des 3. Momentenmaßes weiterentwickelt.

Beweis der Erwartungstreue von $\lambda^2\hat{\mathfrak{K}}(E)$:

Es gilt für jede nichtnegative, meßbare Funktion f auf $\mathbb{R}^{2d}$

$$\int \sum_{x,y\in\varphi}^{*} f(x, y)\, P(\mathrm{d}\varphi) = \int f(x, y)\, \alpha^{(2)}\big(\mathrm{d}(x, y)\big)$$

$$= \lambda^2 \int\int f(x, x + h)\, \mathrm{d}x\, \mathfrak{K}(\mathrm{d}h).$$

Wählt man speziell $f(x, y) = \mathbf{1}_E(y - x)\, \mathbf{1}_B(x)\, \mathbf{1}_B(y)/V(B_x \cap B_y)$, so erhält man

$$\begin{aligned} \mathsf{E}\lambda^2\hat{\mathfrak{K}}(E) &= \lambda^2 \int \int \mathbf{1}_E(h)\, \mathbf{1}_B(x)\, \mathbf{1}_B(x+h)/V(B_x \cap B_{x+h})\, \mathrm{d}x \mathfrak{K}(\mathrm{d}h) \\ &= \lambda^2 \int \mathbf{1}_E(h)\, \mathfrak{K}(\mathrm{d}h) = \lambda^2 \mathfrak{K}(E), \end{aligned}$$

wenn man $V(B_x \cap B_{x+h}) = V(B \cap B_h)$ beachtet.

Für gewisse räumliche Strukturen kann man $K(r)$ bzw. die Radialverteilungsfunktion durch Röntgen- oder Neutronenstrahlen messen. Ferner ist es möglich, $K(r)$ stereologisch zu ermitteln wenn die Punkte von Φ Mittelpunkte von Kugeln sind, vgl. 9.3.

Schätzung der sphärischen Schnittverteilung H_s. Der zu untersuchende PP wird als ZAM aufgefaßt, wobei natürlich $p = 0$ ist. Die sphärische Schnittverteilung hat die Form

$$H_s(r) = \mathsf{P}\big(o \in \Phi \oplus b(o, r)\big) = \mathsf{P}\big(\Phi \cap b(o, r) \neq \emptyset\big), \quad r \geqq 0.$$

Eine erwartungstreue Schätzung für $H_s(r)$ ist $\hat{H}_s(r)$,

$$\hat{H}_s(r) = V\Big(\big(B \ominus b(o, r)\big) \cap \bigcup_{x_i \in \Phi} b(x_i, r)\Big)\Big/V\big(B \ominus b(o, r)\big), \qquad r \geqq 0.$$

Die Erosion von B durch $b(o, r)$ geschieht, um Randeffekten zu begegnen. Offenbar ist $\hat{H}_s(r)$ der Volumen-(Flächen-)Anteil der Menge, die man erhält, wenn man um jeden Punkt von Φ in B eine Kugel (einen Kreis) mit dem Radius r legt.

Schätzung der Verteilung des kürzesten Abstandes $D(r)$. Die Verteilung D des kürzesten Abstandes eines typischen Punktes zu allen anderen schätzt man oft wie folgt:

$$\hat{D}_1(r) = n_r/\Phi(B), \qquad r \geqq 0,$$

wobei n_r = Anzahl der Punkte in B, deren nächster Nachbar einen Abstand $< r$ hat. Voraussetzung für die Benutzung dieses Schätzers ist, daß für jeden Punkt aus B der nächste Nachbar bestimmbar ist (auch, wenn er außerhalb von B liegt). Wenn aber nur die Punkte aus B zugänglich sind, so ist der folgende Schätzer zu verwenden:

$$\hat{D}_2(r) = n_r^0/\Phi\big(B \ominus b(o, r)\big), \qquad r \geqq 0,$$

n_r^0 ist die Anzahl der Punkte in B, deren nächster Nachbar einen Abstand kleiner als r hat und die vom Rand einen Abstand größer als r haben.

Schätzung von Palmschen Größen und Markenverteilungen. Entsprechend 3.3 kann man die Palmsche Wahrscheinlichkeit $P_o(A)$, $A \in \mathfrak{N}$ (= Wahrscheinlichkeit, daß der PP vom typischen Punkt aus gesehen so beschaffen ist, daß er in A liegt), und die Markenwahrscheinlichkeit $P_m(L)$, $L \in \mathfrak{B}$ (= Wahrscheinlichkeit, daß die Marke des typischen Punktes in L liegt) wie folgt schätzen:

$$\widehat{\lambda P_o}(A) = \sum_{x \in \Phi \cap B} \mathbf{1}_A(\Phi - x)/V(B), \qquad A \in \mathfrak{N},$$

$$\widehat{\lambda P_m}(L) = \sum_{x \in \Phi \cap B} \mathbf{1}_L\big(m(x)\big)/V(B), \qquad L \in \mathfrak{B}. \tag{3.19}$$

Die Summe in der zweiten Formel ist gleich der Anzahl der Punkte in B mit einer Marke in L; d. h., man schätzt (natürlich erwartungstreu) die Intensität λ_L des PP der Punkte mit einer Marke L. Ausgehend von (3.19) kann man z. B. einen Schätzer für $\lambda D(r)$ konstruieren. Jeder Punkt x des zu untersuchenden PP erhält als Marke seinen kürzesten Abstand $d(x)$ zu den Nachbarn. Dann liefert (3.19)

$$\widehat{\lambda D(r)} = n_r/V(B), \qquad r \geqq 0.$$

Ein randkorrigierter Schätzer[1]) ist

$$\widehat{\lambda D(r)} = \sum \mathbf{1}_{B \ominus b(o,d(x))}(x)\, \mathbf{1}_{[0,r)}\big(d(x)\big)/V\big(B \ominus b\big(o, d(x)\big)\big).$$

Allgemeine Parameterschätzungen und Tests. Die folgenden „summarischen" statistischen Kennwerte werden für Tests und Parameterschätzungen verwendet (vgl. [24, 88], Kap. 8):

$$c = \sum_{i=1}^{n} v_i,$$

v_i = kürzester Abstand des i-ten Punktes zu allen übrigen, $n = \Phi(B)$.

$$d_2 = \sup_{r \leqq r_0} |\hat{D}_2(r) - \hat{H}_s(r)|, \qquad 0 < r_0 < \infty,$$

$$s = \sup_{r \leqq r_0} \left|\sqrt{\hat{K}(r)/\pi} - r\right|.$$

(Wenn B ein Quadrat mit der Seitenlänge a ist, wird für r_0 der Wert $a/4$ empfohlen.)

Viele PP-Modelle hängen von gewissen Parametern θ_1, θ_2, ... ab, deren Schätzung ein wichtiges Ziel des Statistikers ist. Ein

---

[1]) Er wurde von K.-H. Hanisch vorgeschlagen.

einfaches Verfahren dafür ist die „Momentenmethode", bei der Formeln für λ, $K(r)$, c, s, d usw. mit den oben beschriebenen Schätzungen gleichgesetzt werden und aus den entstehenden Gleichungen $\theta_1, \theta_2, \ldots$ bestimmt werden.

Wenn die Funktionen $\hat{K}_1$, $\hat{H}_s$ oder $\hat{D}_1$ benutzt werden, ist es zweckmäßig, $\hat{\theta}_1, \hat{\theta}_2, \ldots$ so zu bestimmen, daß die zu $\hat{\theta}_1, \hat{\theta}_2, \ldots$ gehörige Funktion „dicht" an der statistisch ermittelten liegt, also z. B.

$$\int_0^\infty g(r)\,|\hat{K}(r) - K_{\theta_1,\theta_2,\ldots}(r)|\,dr \to \min!.$$

(Hier ist $g(r)$ eine geeignete „Gewichtsfunktion".)

Da oft die „theoretischen" Funktionen (z. B. $K_{\theta_1,\theta_2,\ldots}$) unbekannt sind, muß man sie durch *Simulation* ermitteln. Ein auf Simulationsexperimenten beruhender Signifikanztest der Hypothese, daß ein gegebenes Punktmuster φ Realisierung eines PP mit dem Parameter(vektor) θ ist, funktioniert wie folgt (vgl. [24]). Man berechnet aus φ eine „summarische Größe" F_1 (z. B. c, s oder d), erzeugt durch Simulation $(m-1)$ Realisierungen des PP im Fenster B (m sollte 100 nicht unterschreiten) und berechnet für diese die entsprechenden summarischen Werte $F_2, \ldots, F_m$. Dann bildet man

$$\bar{F}_i = \frac{1}{m-1} \sum_{j \neq i} F_j \quad \text{und} \quad t_i = |F_i - \bar{F}_i|, \qquad i = 1, 2, \ldots$$

Wenn die Hypothese richtig ist, darf t_1 nicht wesentlich von den übrigen Werten $t_2, \ldots, t_m$ abweichen. Daher verwirft man die Hypothese, wenn t_1 zu den $100\alpha\%$ größten (kleinsten) Werten der Zahlenreihe $t_1, \ldots, t_m$ gehört, wobei α das Signifikanzniveau ist.

4. Zufällige Maße

4.1. *Vorbemerkungen*

In diesem Kapitel werden zufällige lokalendliche Maße auf dem $\mathbb{R}^d$ betrachtet. Im Fall $d = 3$ kann man mit dem Begriff des zufälligen Maßes etwa die anschauliche Vorstellung einer zufälligen Verteilung von Masse im Raum verbinden.

Wir werden zeigen, daß es möglich ist, Punktprozesse als zufällige Maße zu interpretieren. Das Leitgesetz Coxscher PP (s. 6.2.1) ist Verteilungsgesetz eines zufälligen Maßes. Großen Klassen von ZAM, insbesondere Booleschen Modellen, Faser- und Flächenprozessen lassen sich zufällige Maße zuordnen, die wesentliche Eigenschaften der ursprünglichen Modelle wiedergeben. Eine solche Zuordnung ist oft vorteilhaft, weil auf diese Weise die zweckmäßigen Bezeichnungen und leistungsfähigen Schlußweisen der Maß- und Integrationstheorie noch besser genutzt werden können.

Die wichtigsten Grundbegriffe und zahlreiche Resultate aus der Theorie der zufälligen Maße sind in dem Buch von Kallenberg [44] zusammengestellt.

Eine Reihe von Größen, die in den nächsten Abschnitten eingeführt werden, hängt von der Dimension d des Grundraumes $\mathbb{R}^d$ ab. Wenn keine Mißverständnisse zu befürchten sind, wird aber auf einen Index d verzichtet.

4.2. *Definitionen und Beispiele*

Ein Maß ψ auf $[\mathbb{R}^d, \mathfrak{B}^d]$ heißt *lokalendlich*, wenn für alle $B \in \mathfrak{B}_0^d$ gilt $\psi(B) < \infty$. Sei $\mathcal{M}$ die Menge der lokalendlichen Maße ψ auf $[\mathbb{R}^d, \mathfrak{B}^d]$. Mit $\mathfrak{M}$ werde die kleinste σ-Algebra über $\mathcal{M}$ bezeichnet, bez. der alle Funktionen $\psi \to \psi(B)$ meßbar sind; $B \in \mathfrak{B}_0^d$.

Unter einem *zufälligen Maß* auf $\mathbb{R}^d$ versteht man eine Zufallsvariable Ψ mit dem Wertebereich $[\mathcal{M}, \mathfrak{M}]$; d. h., Ψ ist eine meßbare Abbildung eines Wahrscheinlichkeitsraumes $[\Omega, \mathfrak{A}, \mathsf{P}]$ in $[\mathcal{M}, \mathfrak{M}]$. Das Verteilungsgesetz von Ψ ist das Wahrscheinlichkeitsmaß $P = \mathsf{P} \circ \Psi^{-1}$ auf $[\mathcal{M}, \mathfrak{M}]$, $P(A) = \mathsf{P}(\Psi \in A)$, $A \in \mathfrak{M}$.

Für $\psi \in \mathcal{M}$ werde mit ψ_x das um $x \in \mathbb{R}^d$ verschobene Maß bezeichnet: $\psi_x(B) = \psi(B - x)$, $B \in \mathfrak{B}^d$. Ein zufälliges Maß Ψ heißt *stationär*, wenn Ψ_x für alle $x \in \mathbb{R}^d$ das gleiche Verteilungsgesetz P besitzt: $P(A_x) = P(A)$; $A \in \mathfrak{M}$, $x \in \mathbb{R}^d$.

Das Maß Λ auf $[\mathbb{R}^d, \mathfrak{B}^d]$ mit $\Lambda(B) = \mathsf{E}\Psi(B)$ $(B \in \mathfrak{B}^d)$ wird *Intensitätsmaß* des zufälligen Maßes Ψ genannt. Das Intensitätsmaß ist nicht notwendig lokalendlich. Für stationäre Ψ ist das Intensitätsmaß ein Vielfaches des Lebesgue-Maßes $\nu_d : \Lambda = \lambda\nu_d$, $0 \leqq \lambda \leqq \infty$. Die Größe λ heißt *Intensität* des stationären zufälligen Maßes Ψ.

Jedem PP Φ auf $\mathbb{R}^d$ läßt sich ein zufälliges Maß Ψ_Φ zuordnen, indem $\Psi_\Phi(B)$ gleich der Anzahl der Punkte von Φ gesetzt wird, die in $B \in \mathfrak{B}_0^d$ liegen. (In Kap. 3 bezeichneten wir diese Anzahl mit $\Phi(B)$, es gilt also $\Psi_\Phi(B) = \Phi(B)$.) Die Realisierungen derartiger zufälliger Maße sind mit Wahrscheinlichkeit 1 ganzzahlige lokalendliche Maße auf $[\mathbb{R}^d, \mathfrak{B}^d]$, sogenannte *Zählmaße*. Jedem PP entspricht also ein zufälliges Zählmaß. Wenn man den Begriff des PP erweitert und nicht nur einfache PP zuläßt wie in Kap. 3, sondern auch PP mit Mehrfachpunkten, dann besteht eine eineindeutige Entsprechung zwischen zufälligen Zählmaßen und PP (vgl. [58]).

Es gibt noch andere Klassen von ZAM, denen man in sinnvoller Weise (u. U. mehrere) zufällige Maße zuordnen kann. Es seien z. B. $d = 2$ und Ξ eine ZAM, deren Realisierungen Vereinigungen von paarweise elementfremden Eibereichen sind. Dann kann man die zufälligen Maße Ψ_Ξ^1 und Ψ_Ξ^2 konstruieren, wobei Ψ_Ξ^2 gleich $\nu_2(\Xi \cap B)$ (Flächeninhalt von $\Xi \cap B$) und Ψ_Ξ^1 gleich der Gesamtlänge von $\partial\Xi \cap B$ (Gesamtlänge der in B liegenden Randlinien von Ξ) sein soll ; $B \in \mathfrak{B}_0^2$. (Für eine gegebene Realisierung ξ von Ξ ist die Gesamtlänge $\psi_\xi^1(B)$ von $\partial\xi \cap B$ zunächst nur für einfach gestaltete Mengen B, etwa Eibereiche, definiert; die so gewonnene Mengenfunktion ψ_ξ^1 läßt sich aber zu einem Maß auf $[\mathbb{R}^d, \mathfrak{B}^d]$ fortsetzen.) Wenn Ξ stationär ist, dann sind auch die zufälligen Maße Ψ_Ξ^1 und Ψ_Ξ^2 stationär. In diesem Fall wird die Intensität von Ψ_Ξ^1 *spezifische Randlinienlänge* von Ξ genannt und mit L_A bezeichnet; die Intensität p von Ψ_Ξ^2 heißt *spezifischer Flächeninhalt* von Ξ.

In analoger Weise lassen sich körnerförmigen ZAM Ξ im $\mathbb{R}^3$ zufällige Maße zuordnen, die für beliebige $B \in \mathfrak{B}_0^3$ den Rauminhalt von $\Xi \cap B$ oder den Flächeninhalt von $\partial\Xi \cap B$ messen. Wenn Ξ stationär ist, so nennt man die Intensität des entstehenden zufälligen Maßes im ersten Fall *spezifischen Rauminhalt* oder *Volumenanteil* p von Ξ, im zweiten Fall *spezifische Oberfläche* S_V von Ξ.

Fläche und Umfang bzw. Rauminhalt und Oberfläche der einzelnen Körner, aus denen sich die genannten ZAM in den Fällen $d = 2$ bzw. $d = 3$ zusammensetzen, sind spezielle Minkowski-Funktionale. Man kann das geschilderte Verfahren zur Gewinnung zufälliger Maße verallgemeinern und insbesondere beliebige Dimensionen d zulassen, wenn man von ZAM mit bestimmten Konvexitätseigenschaften und damit verbundenen Minkowski-Funktionalen ausgeht. Man gelangt so zu dem Begriff der *Minkowskischen zufälligen Maße* im Sinne von MATHERON [56].

Gewissen zufälligen q-dimensionalen Mannigfaltigkeiten Ξ im $\mathbb{R}^d$ (s. Kap. 7) lassen sich zufällige Maße zuordnen, die den

q-dimensionalen Inhalt von $\Xi \cap B$ messen; $B \in \mathfrak{B}_0{}^d$. Insbesondere kann man im Zusammenhang mit den in 7.6. erwähnten Faserprozessen Ξ zufällige Maße Ψ_Ξ bilden, wobei $\Psi_\Xi(B)$ die Gesamtfaserlänge in $B \in \mathfrak{B}_0{}^d$ ist. Von großer praktischer Bedeutung sind ferner $(d-1)$-dimensionale Mannigfaltigkeiten, denen man den $(d-1)$-dimensionalen Inhalt zuordnet. Wenn die entsprechenden zufälligen Maße stationär sind, so nennen wir die zugehörigen Intensitäten $S_V{}^{(d)}$ *spezifische Randinhalte*; speziell für $d = 2$ bzw. $d = 3$ werden die Symbole L_A bzw. S_V benutzt.

Ausgehend von nichtnegativen meßbaren zufälligen Feldern auf $\mathbb{R}^d$, d. h. meßbaren stochastischen Prozessen $\zeta \geqq 0$ mit dem Parameterraum $\mathbb{R}^d$, erhält man unter bestimmten Voraussetzungen die zufälligen Maße $\zeta\nu_d$, wobei $\zeta(\omega)\,\nu_d$ $(\omega \in \Omega)$ dasjenige Maß auf $[\mathbb{R}^d, \mathfrak{B}^d]$ sein soll, das bez. des Lebesgue-Maßes ν_d die Dichte $\zeta(\omega)$ hat. Diese $\zeta\nu_d$ sind spezielle zufällige diffuse Maße. (Ein Maß μ auf $[\mathbb{R}^d, \mathfrak{B}^d]$ heißt *diffus*, wenn für alle $x \in \mathbb{R}^d$ gilt $\mu(\{x\}) = 0$.)

Als eine besonders bemerkenswerte Klasse seien die *zufälligen Maße ohne Nachwirkung* genannt. Man versteht darunter zufällige Maße Ψ mit der Eigenschaft, daß für beliebige paarweise elementfremde $B_1, \ldots, B_n \in \mathfrak{B}_0{}^d$ $(n = 2, 3, \ldots)$ die Zufallsgrößen $\Psi(B_1), \ldots, \Psi(B_n)$ unabhängig sind. Interessante spezielle zufällige Maße ohne Nachwirkung erhält man auf folgende Weise:

Sei W ein Maß auf dem System der Borel-Mengen aus $\mathbb{R}^d \times (0, \infty)$ mit der Eigenschaft

$$\int_{B \times (0,\infty)} (1 - e^{-a})\, W(d[x, a]) < \infty, \qquad B \in \mathfrak{B}_0{}^d,$$

und sei Φ_W das zu einem Poissonschen PP (ggf. mit Mehrfachpunkten) auf $\mathbb{R}^d \times (0, \infty)$ mit dem Intensitätsmaß W gehörende zufällige Zählmaß. Dann ist durch

$$\Psi_W(B) = \int_{B \times (0,\infty)} a\Phi_W(d[x, a]), \qquad B \in \mathfrak{B}^d,$$

ein zufälliges Maß Ψ_W ohne Nachwirkung gegeben. Für das Intensitätsmaß Λ von Ψ_W erhält man

$$\Lambda(B) = \int_{B \times (0,\infty)} a W(d[x, a]), \qquad B \in \mathfrak{B}^d.$$

Wenn W auf $\mathbb{R}^d \times \{1\}$ konzentriert (und diffus) ist, dann stellt Ψ_W das zu einem (einfachen) Poissonschen PP gehörende zufällige Zählmaß dar.

In voller Allgemeinheit wird die Struktur zufälliger Maße ohne Nachwirkung in der Arbeit [49] untersucht.

4.3. Laplace-Funktional

Jedem zufälligen Maß Ψ auf $\mathbb{R}^d$ wird durch

$$L_\Psi(u) = \mathsf{E} \exp\left(-\int u \, \mathrm{d}\Psi\right), \qquad u \in \mathfrak{U} \qquad \text{(vgl. S. 45)},$$

eine Funktion $L_\Psi\colon \mathfrak{U} \to (0, 1]$ zugeordnet, die *Laplace-Funktional* zu Ψ genannt wird [60]. Das Funktional L_Ψ hängt nur vom Verteilungsgesetz P von Ψ ab; wir benutzen daher gleichzeitig die Schreibweise L_P:

$$L_P(u) = \int_{\mathcal{M}} \exp\left(-\int u \, \mathrm{d}\varphi\right) P(\mathrm{d}\varphi), \qquad u \in \mathfrak{U}.$$

Das Laplace-Funktional hat in der Theorie der zufälligen Maße eine ähnliche Bedeutung wie die Laplace-Transformierte in der Theorie der nichtnegativen Zufallsgrößen.

Ein Wahrscheinlichkeitsmaß P auf $[\mathcal{M}, \mathfrak{M}]$ ist durch sein Laplace-Funktional eindeutig bestimmt.

Wenn Ψ_1 und Ψ_2 zwei unabhängige zufällige Maße sind, dann gilt für das Laplace-Funktional der Überlagerung $\Psi_1 + \Psi_2$ (d. h. $(\Psi_1 + \Psi_2)(B) = \Psi_1(B) + \Psi_2(B)$, $B \in \mathfrak{B}^d$) die Beziehung

$$L_{\Psi_1+\Psi_2}(u) = L_{\Psi_1}(u) \, L_{\Psi_2}(u), \qquad u \in \mathfrak{U}.$$

Es seien Ψ ein zufälliges Maß und $B_1, \ldots, B_n \in \mathfrak{B}_0{}^d$. Die Laplace-Transformierte der Verteilung des Zufallsvektors $\left(\Psi_1(B_1), \ldots, \Psi(B_n)\right)$ läßt sich mit Hilfe von L_Ψ berechnen, es ist nämlich

$$\mathsf{E} \exp\{-s_1\Psi(B_1) - \cdots - s_n\Psi(B_n)\} = L_\Psi(s_1\mathbf{1}_{B_1} + \cdots + s_n\mathbf{1}_{B_n}),$$
$$s_1, \ldots, s_n \geqq 0.$$

Für die in 4.2 angegebenen zufälligen Maße Ψ_W ohne Nachwirkung gilt

$$L_{\Psi_W}(u) = \exp\left\{-\int \left[1 - \exp\left(-au(x)\right)\right] W\left(\mathrm{d}[x, a]\right)\right\}, \qquad u \in \mathfrak{U}.$$

Das erzeugende Funktional G_C eines Cox-Prozesses (vgl. S. 85) kann aus dem Laplace-Funktional des zugehörigen Leitgesetzes Q gewonnen werden:

$$G_\mathrm{C}(v) = L_Q(1 - v), \qquad v \in \mathfrak{V} \text{ (vgl. S. 45)}.$$

Einem beliebigen PP Φ wird im Sinne von 4.2 ein zufälliges Zählmaß Ψ_Φ zugeordnet. Das Laplace-Funktional von Ψ_Φ steht in einem engen Zusammenhang mit dem erzeugenden Funktional G von Φ:

$$L_{\Psi_\Phi}(u) = G(\mathrm{e}^{-u}), \qquad u \in \mathfrak{U}.$$

4.4. *Momentenmaße*

Sei Ψ ein zufälliges Maß auf dem $\mathbb{R}^d$ mit dem Verteilungsgesetz P. Unter dem n-ten Momentenmaß ($n = 1, 2, \ldots$) von Ψ bzw. von P versteht man das Maß $\mu^{(n)}$ auf $\mathfrak{B}^{dn}$, das gegeben ist durch

$$\begin{aligned} &\int f(x_1, \ldots, x_n)\, \mu^{(n)}\big(\mathrm{d}(x_1, \ldots, x_n)\big) \\ &= \mathsf{E} \int \cdots \int f(x_1, \ldots, x_n)\, \Psi(\mathrm{d}x_1) \cdots \Psi(\mathrm{d}x_n) \\ &= \int \int \cdots \int f(x_1, \ldots, x_n)\, \psi(\mathrm{d}x_1) \cdots \psi(\mathrm{d}x_n)\, P(\mathrm{d}\psi), \\ &\quad f\colon (\mathbb{R}^d)^n \to [0, \infty), \qquad \mathfrak{B}^{dn}\text{-meßbar}. \end{aligned}$$

Speziell ergibt sich für $B_1, \ldots, B_n \in \mathfrak{B}^d$:

$$\mu^{(n)}(B_1 \times \cdots \times B_n) = \mathsf{E}\Psi(B_1) \cdots \Psi(B_n) = \int \psi(B_1) \ldots \psi(B_n)\, P(\mathrm{d}\psi).$$

Insbesondere ist $\mu^{(n)}(B^n)$ für $B \in \mathfrak{B}_0{}^d$ gleich dem n-ten Moment der Zufallsgröße $\Psi(B)$. Das erste Momentenmaß $\mu^{(1)}$ stimmt mit dem Intensitätsmaß Λ von Ψ überein.

Die Momentenmaße haben in der Theorie der zufälligen Maße eine ähnliche Bedeutung wie die Momente in der Theorie der nichtnegativen Zufallsgrößen. Von praktischem Wert sind nur diejenigen Momentenmaße, die lokalendlich sind. Wenn Ψ_Φ das zu einem PP Φ gehörende zufällige Zählmaß ist, dann fallen die Momentenmaße von Ψ_Φ mit den in Kap. 3 definierten Momentenmaßen für Φ zusammen.

Für die zufälligen Maße Ψ_W ohne Nachwirkung, die in 4.2 konstruiert wurden, erhält man

$$\begin{aligned} &\mu^{(1)}(B) = w_1(B), \qquad B \in \mathfrak{B}^d, \\ &\mu^{(2)}(B_1 \times B_2) = w_1(B_1)\, w_1(B_2) + w_2(B_1 \cap B_2), \qquad B_1, B_2 \in \mathfrak{B}^d, \\ &\mu^{(3)}(B_1 \times B_2 \times B_3) = w_1(B_1)\, w_1(B_2)\, w_1(B_3) + w_1(B_1)\, w_2(B_2 \cap B_3) \\ &\qquad + w_1(B_2)\, w_2(B_1 \cap B_3) + w_1(B_3)\, w_2(B_1 \cap B_2) \\ &\qquad + w_3(B_1 \cap B_2 \cap B_3), \qquad B_1, B_2, B_3 \in \mathfrak{B}^d, \end{aligned}$$

wobei

$$w_n(B) = \int_{B\times(0,\infty)} a^n W(\mathrm{d}([x, a])), \qquad B \in \mathfrak{B}^d, \qquad n = 1, 2, \ldots$$

Die Momentenmaße $\mu^{(1)}, \ldots, \mu^{(n)}$ sind in diesem Fall genau dann lokalendlich, wenn das Maß w_n lokalendlich ist.

Sei Φ ein Cox-Prozeß mit dem Leitgesetz Q. Dann ist das n-te faktorielle Momentenmaß $\alpha^{(n)}$ zu Φ gleich dem n-ten Momentenmaß $\mu^{(n)}$ zu Q $(n = 1, 2, \ldots)$.

Die Momentenmaße können aus dem Laplace-Funktional gewonnen werden:

$$\mu^{(n)}(B_1 \times \cdots \times B_n) = (-1)^n \lim_{s_1,\ldots,s_n \downarrow 0} \frac{\partial}{\partial s_1} \cdots \frac{\partial}{\partial s_n} L_P(s_1 \mathbf{1}_{B_1} + \cdots + s_n \mathbf{1}_{B_n}),$$

$$B_1, \ldots, B_n \in \mathfrak{B}_0^{\,d}.$$

Umgekehrt läßt sich unter bestimmten Bedingungen das Laplace-Funktional mit Hilfe der Momentenmaße berechnen: Wenn alle Momentenmaße $\mu^{(n)}$ $(n = 1, 2, \ldots)$ zu einem Wahrscheinlichkeitsmaß P auf $[\mathcal{M}, \mathfrak{M}]$ lokalendlich sind, dann gilt für $u \in \mathfrak{U}$:

$$L_P(u) = 1 + \sum_{n=1}^{\infty} \frac{(-1)^n}{n!} \int u(x_1) \cdots u(x_n)\, \mu^{(n)}(\mathrm{d}(x_1, \ldots, x_n)),$$

falls die rechte Seite konvergiert.

5. Das Boolesche Modell

5.1. *Grundeigenschaften und Beispiele*

Ein sehr wichtiges und doch einfaches Modell für stationäre ZAM ist das Boolesche Modell. Da es recht variationsfähig ist und zahlreiche Formeln vorliegen, wird es gern zur Approximation komplizierterer Strukturen benutzt.

Gegeben seien ein stationärer Poisson-Prozeß $\Phi = \{x_1, x_2, \ldots\}$ mit der Intensität λ (vgl. Kapitel 6.1) und eine Folge $\Xi_1, \Xi_2, \ldots$ identisch verteilter unabhängiger beschränkter ZAM mit $\mathsf{E}V(\Xi_n) < \infty$, wobei Φ und die Ξ_n ebenfalls unabhängig sind. Die Menge Ξ,

$$\Xi = \bigcup_{x_n \in \Phi} (\Xi_n + x_n) = (\Xi_1 + x_2) \cup (\Xi_2 + x_2) \cup \ldots,$$

nennt man *Boolesches Modell* (zu Φ und $\{\Xi_n\}$). Die Punkte x_n werden „*Keime*" genannt, die Mengen Ξ_n „*(Primär-)Körner*". Eine andere Bezeichnung für das Modell ist dementsprechend *Poissonsches Kornmodell.* (Es sei vermerkt, daß ein Boolesches Modell durch einen PP in $\mathcal{K}'$ oder einen mPP — nämlich $\{[x_n; \Xi_n]\}$ — beschreibbar ist.)

Viele Formeln für das Boolesche Modell beruhen nur auf den Eigenschaften eines einzelnen Primärkorns; als „Prototyp" für die Ξ_n wird eine ZAM Ξ_0 benutzt, die dieselbe Verteilung wie alle Ξ_n hat.

Das Boolesche Modell ist eines der klassischen Grundmodelle der Stereologie und stochastischen Geometrie. Die dort gebräuchlichen Voraussetzungen über Gleichverteilung und Unabhängigkeit führen auf die obenstehenden Modellannahmen, wie HADWIGER und GIGER [35] zeigten. Gründlich studiert wurde es vor allem von MATHERON, SERRA und Mitarbeitern (vgl. [56, 93]).

Bei kleiner Intensität λ ist das Boolesche Modell ein brauchbares Modell für „zufällig verteilte" Mengen, wie z. B. Graphiteinschlüsse in Gußeisen. Mit wachsendem λ treten immer mehr Überlappungen der Primärkörner auf [97], wie sie in der Natur manchmal wirklich beobachtet werden (Käseporen, Unkrautflächen auf Feldern und Wiesen); oft sind aber die Körner voneinander isoliert, und dann ist das Boolesche Modell bestenfalls eine gute Näherung.

Das Boolesche Modell ist des öfteren als Modell für unregelmäßige geometrische Gebilde benutzt worden, wobei als Primärkörner vereinfachend Kugeln oder Kreise benutzt wurden. Typische Beispiele sind das Modell von POROD (1952) für Kolloide mit Gelstruktur, das Flüssigkeitsmodell von WIDOM und ROWLINSON (1970) zum Studium der Energieverhältnisse beim Übergang von Flüssigkeit zu Dampf sowie das geologische Lagerstättenmodell von JACOD und JOATHON (1971) (vgl. [80]).

Abb. 4 zeigt ein von einem Rechenautomaten erzeugtes Bild, das man als Realisierung eines Booleschen Modells mit kreisförmigen Körnern auffassen kann. Es zeigt, daß mit relativ einfachen Kornformen recht „wilde" Mengen erzeugbar sind, was man bei Statistik und Modellwahl beachten sollte.

Das Boolesche Modell ist stationär und, wenn die Ξ_n drehungsinvariant sind, isotrop. NGUYEN und ZESSIN [76] haben seine Ergodizitätseigenschaften untersucht. Seine Verteilung wird durch das Funktional ψ beschrieben, das mit dem Kapazitätsfunktional

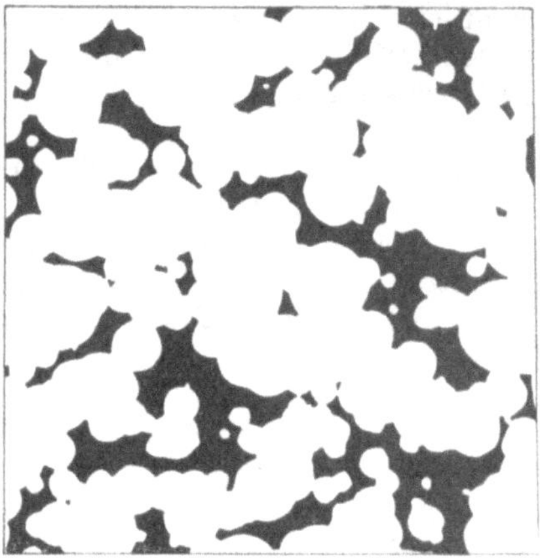

Abb. 4. Durch Zufallszahlen erzeugte Realisierung eines Booleschen Modells (weiße Gebiete), wobei die Primärkörner Kreise mit zufälligem Radius sind. Man erkennt, wie unregelmäßig die Strukturen sein können, die diesem einfachen Modell entsprechen. Die benutzten Daten ergaben sich bei dem Versuch, eine Kalilagerstätte zu modellieren (vgl. [80]). Die weißen Gebiete stehen für Bereiche mit Kalisalz, während die schwarzen Gebiete Vertaubungszonen entsprechen.

T_Ξ wie folgt zusammenhängt

$$\psi(K) = -\ln \mathsf{P}(\Xi \cap K = \emptyset) = -\ln [1 - T_\Xi(K)].$$

Für $\psi(K)$ gilt im Fall $\mathsf{E}\, V(\Xi_0) < \infty$ die Formel

$$\psi(K) = \lambda \mathsf{E}\, V(\check{\Xi}_0 \oplus K), \qquad K \in \mathcal{K}. \tag{5.1}$$

Beweis. Es sei $p(x)$ die Wahrscheinlichkeit dafür, daß das am Ort x befindliche Primärkorn Ξ_0 die Menge K schneidet,

$$p(x) = \mathsf{P}\big((\Xi_0 + x) \cap K \neq \emptyset\big) = \mathsf{P}(x \in \check{\Xi}_0 \oplus K).$$

Diejenigen Punkte x_n von Φ, deren Primärkörner Ξ_n so beschaffen sind, daß ein Schnitt mit K stattfindet, bilden einen gemäß $p(\cdot)$ verdünnten PP. Dieser ist nach 6.1.3 ein instationärer Poisson-Prozeß Ψ mit dem Intensitätsmaß Λ,

$$\Lambda(B) = \lambda \int_B p(x)\, \mathrm{d}x, \qquad B \in \mathfrak{B}^d.$$

Da K kompakt ist und $\mathsf{E}V(\Xi_0) < \infty$, gilt $a = \Lambda(\mathbb{R}^d) < \infty$. Also hat Ψ fast sicher nur endlich viele Punkte im $\mathbb{R}^d$, deren Anzahl poissonverteilt mit dem Parameter a ist. Folglich gilt

$$\mathsf{P}(\Xi \cap K = \emptyset) = \mathsf{P}(\Psi(\mathbb{R}^d) = 0) = \mathrm{e}^{-a}.$$

Ähnlich wie beim Beweis von (2.5) ergibt sich schließlich

$$\begin{aligned} a &= \lambda \int_{\mathbb{R}^d} p(x)\,\mathrm{d}x = \lambda \int_{\mathbb{R}^d} \mathsf{P}(x \in \check{\Xi}_0 \oplus K)\,\mathrm{d}x = \lambda \mathsf{E}V(\check{\Xi}_0 \oplus K) \\ &= \lambda \mathsf{E}V(\Xi_0 \oplus \check{K}). \end{aligned}$$

Wenn die Keime einen instationären Poisson-Prozeß bilden, gelten ähnliche Formeln (vgl. [56, 97]).

Mit Hilfe von (5.1) können wichtige Grundcharakteristiken des Booleschen Modells berechnet werden.

Volumenanteil p:

$$p = \mathsf{P}(o \in \Xi) = 1 - \exp\big(-\lambda \mathsf{E}V(\Xi_0)\big) \tag{5.2}$$

wegen

$$\mathsf{P}(o \in \Xi) = T_\Xi\big(\{o\}\big) = 1 - \exp\big(-\psi(\{o\})\big) = 1 - \exp\big(-\lambda \mathsf{E}V(\Xi_0)\big).$$

Kovarianz $C(r)$ (im bewegungsinvarianten Fall):

$$C(r) = \mathsf{P}(o \in \Xi, \boldsymbol{r} \in \Xi) = 2p - 1 + (1-p)^2 \exp\big(\lambda\gamma(r)\big), \quad r \geqq 0, \tag{5.3}$$

wobei $\boldsymbol{r}$ ein Punkt mit $\varrho(o, \boldsymbol{r}) = r$, mit der Abkürzung

$$\gamma(r) = \mathsf{E}V(\Xi_0 \cap \Xi_0 + \boldsymbol{r}) = \mathsf{E}V\big(\Xi_0 \ominus \{o, \boldsymbol{r}\}\big).$$

Diese Formel folgt aus

$$C(r) = 2p - 1 + \mathsf{P}(o \notin \Xi, \boldsymbol{r} \notin \Xi) = 2p - 1 + \exp\big(-\psi(\{o, \boldsymbol{r}\})\big)$$

und

$$\psi\big(\{o, \boldsymbol{r}\}\big) = \lambda \mathsf{E}V(\Xi_0 \cap \Xi_0 + \boldsymbol{r}) = \lambda[2\mathsf{E}V(\Xi_0) - \mathsf{E}V(\Xi_0 \cap \Xi_0 + \boldsymbol{r})],$$

wobei die für alle B gültige Gleichung

$$V(B \cup B + \boldsymbol{r}) = V(\check{B} \cup \check{B} + \boldsymbol{r})$$

ausgenutzt wird.

Wenn Ξ_0 durch „Isotropisierung" aus einer deterministischen Menge Ξ^* entsteht (d. h., Ξ^* wird entsprechend der Gleichverteilung aller Drehungen des $\mathbb{R}^d$ um o zufällig gedreht), so ist γ die „Abstandwahrscheinlichkeitsfunktion" von Ξ^*, die u. a. bei der Röntgen-Strukturanalyse eine Rolle spielt (vgl. [30]).

Die Funktion $\gamma(r)$ ist nicht leicht berechenbar. Wenn Ξ_0 eine Kugel mit der Radienverteilung F_R ist, so gilt

$$\gamma(r) = \int_{\frac{r}{2}}^{\infty} \frac{4}{3} \pi x \left(1 - \frac{3r}{4r} + \frac{r^3}{16x^3}\right) \mathrm{d}F_R(x), \qquad r \geqq 0.$$

In den Anwendungen benutzt man oft Boolesche Modelle mit konvexen Körnern, für die das Funktional Ψ eine recht einfache Gestalt hat. Wenn Ξ_0 konvex ist, so gilt $V(\Xi_0 \oplus \check{K}) = V(\Xi_0 \oplus K)$. Ist Ξ_0 außerdem drehungsinvariant, so kann man $\psi(K)$ für Eikörper mit Hilfe des verallgemeinerten Satzes von STEINER berechnen:

$$\psi(K) = \lambda \mathsf{E}\, V(\Xi_0 \oplus K) = \frac{\lambda}{\omega_d} \sum_{k=0}^{d} \binom{d}{k} \mathsf{E} W_k(\Xi_0)\, W_{d-k}(K),$$
$$K \in C(\mathcal{K}'). \tag{5.4}$$

Für Eikörper K ist also das Funktional des Booleschen Modells durch die Minkowskischen Quermaßintegrale der Primärkörner festgelegt.

Beispiel. Ξ_0 sei eine Kugel bzw. ein Kreis $b(o, R)$ mit zufälligem Radius R und den Momenten $m_R^{(i)} = \mathsf{E}R^i$ $(i = 1, 2, \ldots)$. Nach dem Satz von STEINER gilt dann:

$$\psi(K) = \lambda[F(K) + 2m_R^{(1)}L(K) + 2\pi m_R^{(2)}],\ d = 2,$$
$$\psi(K) = \lambda\left[V(K) + m_R^{(1)}S(K) + 2\pi m_R^{(2)}\bar{b}(K) + \frac{4}{3}\pi m_R^{(3)}\right],\ d = 3.$$

Das Funktional ψ hängt also nur vom mittleren Radius $m_R = m_R^{(1)}$, der Streuung σ_R^2 der Radien, $m_R^{(2)} = m_R + \sigma_R^2$, und dem 3. Moment der Radienverteilung $m_R^{(3)}$ ab.

Oft, z. B. bei stereologischen Problemen, untersucht man ebene oder lineare *Schnitte* eines dreidimensionalen Booleschen Modells Ξ, d. h. Schnitte mit einer Ebene oder Geraden. Man kann zeigen, daß die Schnittmenge wieder ein Boolesches Modell ist. Es gibt einfache Formeln für die Intensität des zugehörigen Poisson-Prozesses, und auch die in der Schnittebene auftretenden Körner sind teilweise formelmäßig erfaßbar (vgl. [56], S. 140). Hier soll der Schnitt mit einer Geraden L betrachtet werden, die durch o und den Punkt x (mit dem Abstand 1 von o) geht, also die ZAM $\Xi_L = \Xi \cap L$.

Die Intensität des zu Ξ_L gehörenden Poisson-Prozesses sei λ_1, L sei die Verteilungsfunktion der Längen der Segmente, die sich als Durchschnitte der ursprünglichen Körner auf L ergeben, und m_1 sei der zugehörige Mittelwert. Natürlich gilt

$$\mathsf{P}(\Xi_L \cap s(o, rx) = \emptyset) = \mathsf{P}(\Xi \cap s(o, rx) = \emptyset), \qquad r \geqq 0.$$

Einerseits ist

$$\mathsf{P}(\Xi_L \cap s(o, rx) = \emptyset) = \mathsf{P}(X)\, \mathsf{P}(o \notin \Xi_L) = e^{-\lambda_1 r}\, e^{-\lambda_1 m_1},$$

wobei X das zufällige Ereignis bezeichnet, daß in $s(o, rx)$ kein Anfangspunkt eines Schnittsegments liegt. Andererseits gilt

$$\begin{aligned}\mathsf{P}(\Xi \cap s(o, rx) = \emptyset) &= \exp\left\{-\lambda \mathsf{E} V(\Xi_0 \oplus s(o, rx))\right\} \\ &= \exp\{-\lambda \mathsf{E} V(\Xi_0)\} \exp\left\{-\lambda \mathsf{E} F(\mathfrak{p}_{x^\perp}(\Xi_0))\, r\right\},\end{aligned}$$

wobei $\mathfrak{p}_{x^\perp}$ die orthogonale Projektion von Ξ_0 auf die Ebene senkrecht zu x ist und

$$V(\Xi_0 \oplus s(o, rx)) = F(\mathfrak{p}_{x^\perp}(\Xi_0))\, r + V(\Xi_0)$$

ausgenutzt wurde. Nach (9.1) sind die Volumenanteile von Ξ und Ξ_L gleich, d. h. $1 - e^{-\lambda_1 m_1} = 1 - e^{-\lambda \mathsf{E} V(\Xi_0)}$ und $\lambda_1 m_1 = \lambda \mathsf{E} V(\Xi_0)$. Außerdem ergibt sich

$$\lambda_1 = \lambda \mathsf{E} F(\mathfrak{p}_{x^\perp}(\Xi_0)). \tag{5.5}$$

Wenn Ξ_0 isotrop ist, dann ist der Mittelwert in (5.5) proportional zum Mittelwert des ersten Minkowskischen Quermaßintegrals, also gilt

$$\lambda_1 = \lambda \mathsf{E} W_1(\Xi_0) \frac{\omega_2}{\omega_3} = \frac{3}{4} \lambda \mathsf{E} W_1(\Xi_0) = \frac{1}{4} \lambda \mathsf{E} S(\Xi_0). \tag{5.6}$$

Allgemein ist die Intensität $\lambda_k^{(d)}$ eines stationären und isotropen Booleschen Modells im $\mathbb{R}^k$, das durch Schnitt mit einem k-dimensionalen Teilraum aus einem Booleschen Modell im $\mathbb{R}^d$ entsteht, gleich (vgl. [56], S. 146)

$$\lambda_k^{(d)} = \lambda \mathsf{E} W_k(\Xi_0)\, \omega_{d-k}/\omega_d. \tag{5.7}$$

(Das in (5.6) stehende λ_1 ist in der neuen Bezeichnungsweise $\lambda_1^{(3)}$.)

5.2. *Formeln für das Boolesche Modell mit konvexen Körnern*

Sehnenlänge außerhalb Ξ. Man betrachtet auf der Geraden L die Segmente außerhalb von Ξ. Da Ξ_L ein Boolesches Modell mit dem Parameter λ_1 (bzw. $\lambda_1^{(d)}$) ist, haben die Längen dieser Segmente (= Sehnenlängen) eine Exponentialverteilung mit dem durch (5.5) gegebenen Parameter λ_1. Auf derselben Geraden liegende Sehnenlängen außerhalb Ξ sind stochastisch unabhängig.

Lineare Schnittverteilung H_l. Von einem „zufällig gewählten" Punkt außerhalb Ξ geht in vorgegebener Richtung ein Strahl aus. In welcher Entfernung schneidet er erstmals die Menge Ξ? (Ein Alltagsbeispiel ist die „Sichtweite im Walde", die kürzeste Entfernung eines Spaziergängers im Walde bis zum nächsten Baum in vorgegebener Richtung.) Die lineare Schnittverteilung H_l liefert die Verteilungsfunktion dieser zufälligen Entfernung.

$$\begin{aligned} 1 - H_l(r) &= \mathsf{P}\big(s(o, rx) \cap \Xi = \emptyset \mid o \notin \Xi\big) = \exp\big\{-\psi\big(s(o, rx)\big)\big\}/(1-p) \\ &= \exp\{-\lambda \mathsf{E}\, V(\Xi_0) - r\lambda \mathsf{E}\, W_1(\Xi_0)\, \omega_{d-1}/\omega_d\}/\exp\{-\lambda \mathsf{E}\, V(\Xi_0)\} \\ &= \exp\{-\lambda r \mathsf{E}\, W_1(\Xi_0)\, \omega_{d-1}/\omega_d\} = \exp(-\lambda_1 r), \qquad r \geqq 0. \end{aligned}$$

Es ergibt sich also dieselbe Formel wie für die Sehnenlängen außerhalb Ξ, und auch für die lineare Granulometriefunktion gilt die gleiche Beziehung.

Beispiel. Sichtweite im Walde; $d = 2$, $\Xi_0 = b(o, R)$, R zufälliger Baumstammradius mit Mittelwert m_R.

$$H_l(r) = 1 - \exp(-2\lambda m_R r), \; r \geqq 0.$$

Für $m_R = 0{,}20$ m, $\lambda = 0{,}01$ m^{-2} ergibt sich z. B. $1 - H_l(500) = \exp(-2) = 0{,}135$.
Auf 13,5% der Punkte eines Waldweges ist also durch einen zum Weg parallelen Waldstreifen von 500 m Breite noch ein Durchblick (senkrecht zum Weg) möglich.

Sphärische Schnittverteilung. Die sphärische Schnittverteilung H_s beschreibt den kürzesten Abstand eines „zufällig gewählten" Punktes außerhalb von Ξ zum nächsten Korn. Es gilt

$$\begin{aligned} 1 - H_s(r) &= \mathsf{P}\big(b(o, r) \cap \Xi = \emptyset \mid o \notin \Xi\big) \\ &= \exp\big\{-\psi\big(b(o, r)\big)\big\}/(1-p) \\ &= \exp\left\{-\lambda \sum_{k=1}^{d} \binom{d}{k} \mathsf{E}\, W_k(\Xi_0)\, r^k\right\}, \; r \geqq 0, \end{aligned} \tag{5.8}$$

wobei der Satz von Steiner benutzt wurde.

Beispiel. Im Raum sind zufällige Kugeln entsprechend einem Poisson-Prozeß verteilt, und es soll der kürzeste Abstand eines zufällig gewählten, außerhalb der Kugeln liegenden Punktes zu einer Kugel bestimmt werden. $\Xi_0 = b(o, R)$, wobei R ein zufälliger Kugelradius mit Mittelwert m_R und Streuung σ_R^2 ist.

$$H_s(r) = 1 - \exp\left\{-\frac{4}{3}\pi\lambda\left[3r(m_R^2 + \sigma_R^2) + 3r^2 m_R + r^3\right]\right\}, \qquad r \geqq 0.$$

Spezifische Oberfläche $(d = 3)$

$$S_V = (1 - p)\,\lambda \mathsf{E} S(\Xi_0).$$

Weitere Formeln für das Boolesche Modell findet man in [93] und für drei spezielle Modelle in der folgenden Zusammenstellung.

Formeln für spezielle Boolesche Modelle.

1. Primärkörner: zufällige *Segmente* im $\mathbb{R}^2$ mit isotroper Richtungsverteilung (m_l = mittlere Länge)

$$\lambda_1^{(2)} = \lambda m_l/\pi,$$

$$H_s(r) = 1 - \exp\{-\lambda r(2m_l + r)\}, \qquad r \geqq 0.$$

2. Primärkörner: *Kugeln* im $\mathbb{R}^3$ (m_R = mittlerer Radius, σ_R^2 = Streuung, $m_R^{(3)}$ = drittes Moment, F_R = Verteilungsfunktion des Radius)

$$p = 1 - \exp\{-4\pi\lambda m_R^{(3)}/3\},$$

$$\lambda_1^{(3)} = \lambda\pi(m_R^2 + \sigma_R^2),$$

$$H_s(r) = 1 - \exp\{-\lambda\pi[4(m_R^2 + \sigma_R^2)\, r + 4m_R r^2 + 4r^3/3]\},$$

$$C(r) = 2p - 1 + (1 - p)^2 \exp\left\{\int_{r/2}^{\infty} \lambda \frac{4}{3} \left(1 - \frac{3r}{4x} + \frac{r^3}{16x^2}\right) \mathrm{d}F_R(x)\right\},$$

$$r \geqq 0.$$

3. Primärkörner: *Poisson-Polyeder* im $\mathbb{R}^3$ (vgl. S. 108).

$$p = 1 - \exp\{-6\lambda/\pi\varrho^3\}, \qquad \lambda_1^{(3)} = 2\lambda/3\pi\varrho^2,$$

$$H_s(r) = 1 - \exp\{-\lambda[24r/\pi r^2 + 3\pi/\varrho]\},$$

$$C(r) = 2p - 1 + (1 - p)^2 \exp\{6\lambda \exp(-\varrho r)/\pi\varrho^3\}, \quad r \geqq 0.$$

5.3. *Statistik für das Boolesche Modell*

Wenn p klein ist und/oder die Körner deutlich einzeln erkannt werden können (z. B., wenn die Ξ_n Kurvenstücke sind), untersucht man getrennt den PP der Keime (z. B. die Kornmitten) und die Körner. Somit liegt dann im wesentlichen ein Problem der PP-Statistik vor.

Im allgemeinen sind zweikomponentige Strukturen („Schwarz-Weiß-Strukturen") wie auf Abb. 1 und 4 zu untersuchen, wobei es mitunter nicht von vornherein klar ist, welche Komponente (die weiße oder schwarze) durch ein Boolesches Modell approximierbar ist und welche Form die Körner haben. Dann ist es zweckmäßig, mit den Schnittverteilungen zu arbeiten. Es wird hier angenommen, daß ebene Strukturen vorliegen; räumliche Strukturen können durch ebene Schnitte wenigstens teilweise erfaßt werden.

Prüfung der Modellannahmen. Mit den in 2.3 und 2.4 beschriebenen Methoden können Schätzungen für die Schnittverteilungen erhalten werden, z. B. eine Schätzung $\hat{h}_s(r)$ für $1 - H_s$. Nach (5.8) ist $\ln\left(1 - H_s(\cdot)\right)$ ein Polynom der Form

$$\ln\left(1 - H_s(r)\right) = -\lambda \mathsf{E} L(\Xi_0)\, r - \lambda \pi r^2, \qquad r \geqq 0 .$$

Wenn $\ln \hat{h}_s$ gut durch eine Funktion h der Form

$$h(r) = -a_1 r - a_2 r^2, \qquad r \geqq 0, \qquad a_1, a_2 \geqq 0, \tag{5.9}$$

approximierbar ist, dann kann man mit einiger Berechtigung das Boolesche Modell mit konvexen Körnern zur Beschreibung der Struktur benutzen (vgl. [78, 80], [93], S. 495). Natürlich kann man anstelle der Schnittverteilung auch die Kovarianz- oder Korrelationsfunktion verwenden (vgl. [95]).

Schätzung der Modellparameter. Gewisse Modellparameter können aus der Funktion h in (5.9) und einer Schätzung $\hat{p}$ für den Volumenanteil erhalten werden, wenn angenommen wird, daß die Körner konvex sind. Es liegt dann nahe, zu setzen

$$\lambda \mathsf{E} L(\Xi_0) = a_1,\ \lambda = a_2/\pi,\ \lambda \mathsf{E} F(\Xi_0) = -\ln\left(1 - p\right),$$

woraus man Schätzungen für λ, $\mathsf{E} L(\Xi_0)$ und $\mathsf{E} F(\Xi_0)$ erhält. Im Fall ebener Strukturen ist damit nach (5.4) die Form des Kapazitätsfunktionals des Booleschen Modells teilweise festgelegt (vgl. auch [78]).

Nicht selten ist es möglich, mit einem Booleschen Modell mit kreisförmigen Körnern zu arbeiten; die Radienverteilungen sind dabei so zu wählen, daß $\mathsf{E}L(\Xi_0)$ und $\mathsf{E}F(\Xi_0)$ die geschätzten Werte annehmen (vgl. [80, 93]).

Wenn ein Schnitt durch eine räumliche Probe betrachtet wurde, sind mit Hilfe stereologischer Methoden Aussagen über λ und die Kornformen möglich.

5.4. *Verallgemeinerungen des Booleschen Modells*

Ausgehend von Booleschen Modellen Ξ_α und Ξ_β kann man weitere ZAM durch mengentheoretische Operationen bilden, insbesondere $\Xi_\alpha \cap \Xi_\beta$ oder $\overline{\Xi}_\alpha{}^c \cap \Xi_\beta$. ($\overline{\Xi}_\alpha{}^c$ ist die abgeschlossene Hülle des Komplements von Ξ_α.) Für diese ZAM lassen sich p und C leicht berechnen. Praktische Anwendungen solcher Modelle werden in [32] und [93] untersucht.

Eine ganz andere Verallgemeinerungsmöglichkeit besteht darin anzunehmen, daß die Keime x_n keinen Poisson-Prozeß bilden und daß die Körner Ξ_n nicht stochastisch unabhängig sind. Eine entsprechende ZAM Ξ der Form

$$\Xi = \bigcup_{n=1}^{\infty} (x_n + \Xi_n)$$

wird im folgenden *Keim-Korn-Modell* genannt. Dabei ist die Folge $\{[x_n; \Xi_n]\}$ ein stationärer mPP mit Punkten $x_n \in \mathbb{R}^d$ und Marken $\Xi_n \in \mathcal{K}'$. Ξ ist stationär, und wenn $\{[x_n; \Xi_n]\}$ bewegungsinvariant ist, so gilt dasselbe auch für Ξ.

Keim-Korn-Modelle sind realistische Modelle für viele in Natur und Technik vorkommende Strukturen. Allerdings sind die meisten zugehörigen Formeln relativ kompliziert, und die statistische Bestimmung von Modellcharakteristiken für $d > 2$ ist schwierig. Im Fall $d = 3$ werden stereologische Hilfsmittel benutzt, die z. B. bei kugelförmigen Ξ_n zur Radienverteilung und der Intensität des Mittelpunkt-PP führen (vgl. 9.3).

Das Kapazitätsfunktional von Keim-Korn-Modellen kann durch das erzeugende Funktional G des mPP ausgedrückt werden (vgl. [37]).

$$\mathsf{P}(\Xi \cap K = \emptyset) = G(v_K), \; v_K(x, C) = 1 - \mathbf{1}_{\check{C} \oplus K}(x).$$

Für den Volumenanteil p existieren keine einfachen Formeln außer für das Boolesche Modell und für den Fall, daß die Körner isoliert voneinander liegen, d. h.

$$V(x_i + \Xi_i \cap x_j + \Xi_j) = 0, \qquad i \neq j.$$

Hier gilt natürlich

$$p = \lambda \mathsf{E} V(\Xi_0), \tag{5.10}$$

wobei λ die Intensität des PP der Keime ist und Ξ_0 eine ZAM mit der für die Ξ_n typischen Verteilung (im Sinne der Palmschen Markenverteilung des mPP).

Von Interesse ist die mittlere Anzahl $m(C)$ der Körner, die eine gegebene kompakte Menge C schneiden. Es gilt

$$m(C) = \lambda \mathsf{E} V(C \oplus \check{\Xi}_0). \tag{5.11}$$

Beweis. Der Mittelwert $m(C)$ kann durch das Intensitätsmaß des mPP ausgedrückt werden, $m(C) = \Lambda(S_T)$, wobei S_T die Menge aller Paare $[x; K]$ mit $x \in \mathbb{R}^d$, $K \in \mathcal{K}'$, mit $x + K \cap C \neq \emptyset$ ist. Nach (3.8) hat Λ die Form

$$\Lambda(B \times L) = \lambda V(B)\, P_m(L), \qquad B \in \mathfrak{B}^d, \qquad L \in \mathcal{K}'.$$

Also gilt

$$m(C) = \int_{\mathcal{K}'} \int_{\mathbb{R}^d} \mathbf{1}_{S_T}(x, K)\, dx P_m(dK) = \lambda \int_{\mathcal{K}'} \int_{C \oplus \check{K}} dx P_m(dK)$$
$$= \lambda \int_{\mathcal{K}'} V(C \oplus \check{K})\, P_m(dK) = \lambda \mathsf{E} V(C \oplus \check{\Xi}_0).$$

Setzt man $C = \{o\}$, so ergibt sich (5.10) als Spezialfall von (5.11), da für isoliert voneinander liegende Körner $p = m(\{o\})$ ist. Man kann zeigen, daß für Keim-Korn-Modelle die Formel (5.7) allgemein gültig ist, wenn die Körner isotrop sind (vgl. [100]).

6. Punktprozeßmodelle

6.1. Poisson-Prozesse

6.1.1. Der stationäre Poisson-Prozeß

Das einfachste und am meisten benutzte Modell eines stationären PP ist der stationäre Poisson-Prozeß. Er entspricht einer „rein zufälligen", chaotischen Anordnung der Punkte, wie sie in der Natur nicht selten wenigstens näherungsweise auftritt. Für andere Punktmuster kann er als Approximation dienen. Das ist nützlich, weil für den Poisson-Prozeß viele Formeln existieren, mit deren Hilfe man ein Gefühl dafür gewinnen kann, wie Zufallseffekte deterministische Modelle modifizieren. Schließlich bildet der Poisson-Prozeß eine wichtige Grundlage bei der Konstruktion komplizierterer Modelle für PP sowie ZAM und zufällige Maße.

Unter einem *stationären Poisson-Prozeß* mit dem Parameter λ ($0 < \lambda < \infty$) versteht man einen PP Φ mit den beiden folgenden Eigenschaften:

(a) Die Anzahlen der Punkte in paarweise disjunkten Mengen $B_1, \ldots, B_n \in \mathfrak{B}_0^d$, d. h., die Zufallsgrößen $\Phi(B_1), \ldots, \Phi(B_n)$, sind für alle $n = 1, 2, \ldots$ unabhängig;

(b) die Anzahl der Punkte $\Phi(B)$ in $B \in \mathfrak{B}_0^d$ ist poissonverteilt mit dem Parameter $\lambda V(B)$, d. h.,

$$\mathsf{P}\big(\Phi(B) = m\big) = \frac{[\lambda V(B)]^m}{m!} \exp\big(-\lambda V(B)\big), \quad m = 0, 1, \ldots \quad (6.1)$$

Übrigens ist die Eigenschaft (a) eine Folgerung aus (b). Es genügt nicht, (b) nur für Teilklassen von $\mathfrak{B}_0^d$, z. B. konvexe Mengen, zu fordern, vgl. [75].

Eigenschaften und Formeln. Der PP Φ ist stationär und isotrop. Seine Leerwahrscheinlichkeiten sind nämlich gleich

$$\mathsf{P}\big(\Phi(K) = 0\big) = \exp\big(-\lambda V(K)\big), \qquad K \in \mathcal{K}, \qquad (6.2)$$

hängen also nur vom bewegungsinvarianten Volumen ab.

Der Poisson-Prozeß besitzt folgende sogenannte *Gleichverteilungseigenschaft*: Es sei bekannt, daß in $B \in \mathfrak{B}_0^d$ genau n Punkte von Φ liegen. Dann sind ihre Positionen in B genauso verteilt wie die von n Punkten, die nacheinander unabhängig voneinander gemäß der Gleichverteilung in B festgelegt wurden. Damit ist eine sehr einfache *Simulation* von Poisson-Prozessen möglich. Mit Hilfe poissonverteilter Zufallszahlen wird zunächst die Anzahl der Punkte in B bestimmt. Dann werden mittels gleichverteilter Zufallszahlen die Positionen der Punkte festgelegt. Wenn z. B. B ein Rechteck im $\mathbb{R}^2$ mit den Seitenlängen a und b ist, und eine Folge $z_1, z_2, \ldots$ von unabhängigen Zufallszahlen vorliegt, die auf $[0, 1]$

gleichmäßig verteilt sind, so ergeben sich die Orte $x_1, x_2, \ldots$ der Punkte gemäß

$$x_1 = (az_1; bz_2),\ x_2 = (az_3; bz_4), \ldots$$

(Zur Erzeugung von Zufallszahlen gibt es zahlreiche Verfahren, vgl. z. B. [110]). Abb. 5 zeigt ein so erzeugtes Punktmuster.

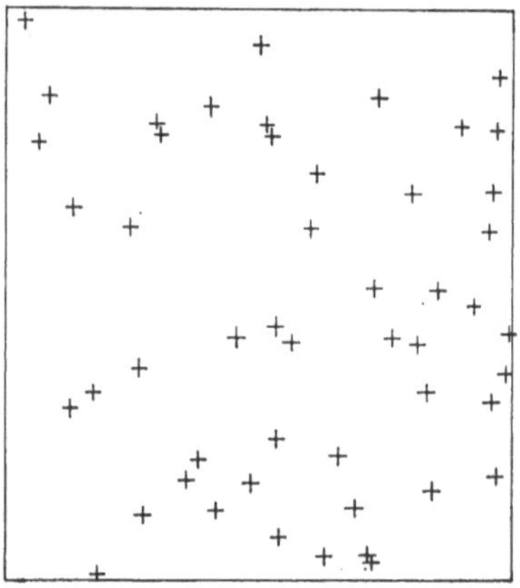

Abb. 5. Fünfzig durch Zufallszahlen erzeugte, unabhängig gleichverteilte Punkte (Realisierung eines POISSON-Prozesses).

Momentenmaße und verwandte Größen. Die Intensität von Φ ist λ. Es gilt nämlich

$$\mathsf{E}\Phi([0, 1]^d) = \lambda,$$

weil der Mittelwert einer mit dem Parameter λ poissonverteilten Zufallsgröße gleich λ ist.
Produktdichten

$$\varrho^{(n)}(x_1, \ldots, x_n) = \lambda^n, \qquad n = 1, 2, \ldots; \qquad x_1, \ldots, x_n \in \mathbb{R}^d.$$

Heuristisch ergibt sich diese Formel folgendermaßen: Wenn $B_1, \ldots, B_n$ paarweise disjunkte Mengen mit $x_1 \in B_1, \ldots, x_n \in B_n$ und den differentiellen Volumina $\mathrm{d}V_1, \ldots, \mathrm{d}V_n$ sind, so gilt nach (6.1)

$$\mathsf{P}\big(\Phi(B_1) = 1, \ldots, \Phi(B_n) = 1\big)$$
$$= \lambda\,\mathrm{d}V_1 \exp(-\lambda\,\mathrm{d}V_1) \cdots \lambda\,\mathrm{d}V_n \exp(-\lambda\,\mathrm{d}V_n) \approx \lambda^n\,\mathrm{d}V_1 \cdots \mathrm{d}V_n.$$

Faktorielle Momentenmaße

$$\alpha^{(n)}(B_1 \times \cdots \times B_n) = \lambda^n V(B_1) \cdots V(B_n), \qquad n = 1, 2, \ldots$$

Momentenmaße

$$\mu^{(2)}(B_1 \times B_2) = \lambda^2 V(B_1)\, V(B_2) + \lambda V(B_1 \cap B_2).$$

Für $n > 2$ sind die Formeln recht kompliziert, vgl. S. 63.

$$\operatorname{cov}\big(\Phi(B_1), \Phi(B_2)\big) = \lambda V(B_1 \cap B_2), \qquad B_1, B_2 \in \mathfrak{B}^d.$$

2. reduzierte Momentenmaße, Radialverteilung

$$K(r) = \omega_d r^d,$$

$$\mathrm{RDF}(r) = d\omega_d \lambda r^{d-1}, \qquad r \geqq 0.$$

Erzeugendes Funktional

$$G(v) = \exp\left\{-\lambda \int_{\mathbb{R}^d} [1 - v(x)]\, \mathrm{d}x\right\}, \qquad v \in \mathfrak{V}.$$

Sphärische Schnittverteilung

$$H_s(r) = 1 - \exp(-\omega_d \lambda r^d), \qquad r \geqq 0.$$

Diese Formeln ergeben sich leicht aus (3.7) und (6.2).
Palmsche Verteilung P_o. Es gilt

$$P_o(A) = \mathsf{P}(\Phi \in A \,\|\, o) = \mathsf{P}(\Phi \cup \{o\} \in A), \qquad A \in \mathfrak{N},$$

und für alle nichtnegativen meßbaren Funktionen f

$$\int f(\varphi)\, P_o(\mathrm{d}\varphi) = \int f(\varphi \cup \{o\})\, P(\mathrm{d}\varphi).$$

Diese Formeln („Satz von Sliwnjak") besagen, daß man Palmsche Wahrscheinlichkeiten für den Poisson-Prozeß mit Hilfe seiner gewöhnlichen Verteilung bestimmen kann, wenn man zu den Punkten von Φ noch den Ursprung o hinzufügt. Heuristisch ist dies klar, da ja beim Poisson-Prozeß die Punktpositionen unabhängig voneinander sind, also durch die Bedingung, daß in o ein Punkt liegen soll, nicht beeinflußt werden.
Abstand zum nächsten Nachbarn

$$D(r) = 1 - \exp(-\omega_d \lambda r^d), \qquad r \geqq 0. \tag{6.3}$$

Diese Formel ergibt sich aus

$$D(r) = \mathsf{P}\big(\Phi(b(o, r)) > 1 \,\|\, o\big) = \mathsf{P}\big(\Phi(b(o, r)) > 0\big)$$
$$= 1 - \exp\big\{-\lambda V\big(b(o, r)\big)\big\} = H_s(r).$$

Erwartungswert und Streuung zu $D(r)$ im Fall $d = 2$ lauten

$$m_D = \frac{1}{2\sqrt{\lambda}}, \; \sigma_D^2 = (1/\pi\lambda) - (1/4\lambda).$$

6.1.2. Allgemeine Poisson-Prozesse

In der Natur kann man Punktmuster beobachten, bei denen die Punktdichte nicht nur zufällige, sondern auch gesetzmäßige Schwankungen aufweist. Beispielsweise kann sie in einer bestimmten Richtung, einem „Trend" folgend, wachsen oder fallen. So nimmt die Dichte des Baumbestandes von Wäldern beim Übergang in trockenere Gebiete oder höhere Lagen allmählich ab. Ein einfaches Modell zur Beschreibung solcher Erscheinungen ist der allgemeine, nichtstationäre Poisson-Prozeß.

Es sei Λ ein diffuses lokalendliches Maß auf $\mathfrak{B}^d$.

Ein *Poisson-Prozeß mit dem Maß* Λ ist ein PP Φ mit den beiden folgenden Eigenschaften:

(a) Die Anzahlen der Punkte in paarweise disjunkten Mengen $B_1, \ldots, B_n \in \mathfrak{B}_0^d$ sind für alle $n = 1, 2, \ldots$ unabhängige Zufallsgrößen;

(b) die Anzahl der Punkte $\Phi(B)$ in $B \in \mathfrak{B}_0^d$ ist poissonverteilt mit dem Parameter $\Lambda(B)$, d. h.

$$\mathsf{P}\big(\Phi(B) = m\big) = \frac{[\Lambda(B)]^m}{m!} \exp\big(-\Lambda(B)\big), \qquad m = 0, 1, \ldots \tag{6.4}$$

Das Maß Λ beschreibt den oben erwähnten „Trend". Die mittlere Anzahl der Punkte in B ist gleich $\Lambda(B)$, also ist Λ das Intensitätsmaß des PP. Im stationären Fall gilt $\Lambda(B) = \lambda V(B)$. Manchmal existiert bez. des Lebesgue-Maßes eine Dichte; dann kann man Λ schreiben als

$$\Lambda(B) = \int_B \lambda(x)\, \mathrm{d}x, \qquad B \in \mathfrak{B}^d.$$

Die Ortsfunktion $\lambda(x)$ heißt *Intensitätsfunktion*. Heuristisch kann man $\lambda(x)\, \mathrm{d}V$ als die Wahrscheinlichkeit dafür interpretieren, daß in einer Menge mit dem differentiellen Volumen $\mathrm{d}V$, in der sich x befindet, ein Punkt von Φ liegt. Dementsprechend sind die Produktdichten $\varrho^{(n)}$ gleich

$$\varrho^{(n)}(x_1, \ldots, x_n) = \lambda(x_1) \cdots \lambda(x_n),$$
$$n = 2, 3, \ldots; \qquad x_1, \ldots, x_n \in \mathbb{R}^d.$$

Das erzeugende Funktional von Φ ist

$$G(v) = \exp\left\{-\int_{\mathbb{R}^d} [1 - v(x)]\Lambda(\mathrm{d}x)\right\}, \qquad v \in \mathfrak{V}. \qquad (6.5)$$

Einen Poisson-Prozeß mit der Intensitätsfunktion $\lambda(x)$, wobei $0 \leqq \lambda(x) \leqq \lambda^* < \infty$, kann man folgendermaßen simulieren. Man erzeugt wie auf S. 75 beschrieben eine Realisierung φ eines stationären Poisson-Prozesses mit der Intensität λ^* und verdünnt dann φ gemäß der Funktion $p(x) = \lambda(x)/\lambda^*$ (d. h., ein Punkt $x \in \varphi$ wird mit Wahrscheinlichkeit $p(x)$ beibehalten und mit Wahrscheinlichkeit $1 - p(x)$ eliminiert). Aus (6.6) folgt, daß die so erhaltene Punktmenge die gewünschten Eigenschaften besitzt.

Weitere Verallgemeinerungen des Poisson-Prozesses werden im Abschnitt 6.2.1 behandelt.

6.1.3. Operationen mit Poisson-Prozessen

Poisson-Prozesse haben bez. gewisser Operationen mit PP recht einfache Eigenschaften. Darüber hinaus treten sie in Grenzwertsätzen auf, bei denen Operationen geeignet kombiniert unendlich oft wiederholt werden (vgl. [44, 48]).

Überlagerung unabhängiger Poisson-Prozesse. Bei der Überlagerung (Vereinigung) zweier unabhängiger Poisson-Prozesse entsteht wieder ein Poisson-Prozeß, wobei für die Intensitäten bzw. Intensitätsmaße gilt

$$\lambda = \lambda_1 + \lambda_2 \quad \text{bzw.} \quad \Lambda = \Lambda_1 + \Lambda_2.$$

Dies ergibt sich z. B. aus dem Satz von Choquet, weil für die Leerwahrscheinlichkeiten zugehöriger PP Φ_1 und Φ_2 gilt

$$\begin{aligned} \mathsf{P}\big(\Phi_1(K) = 0, \Phi_2(K) = 0\big) &= \mathsf{P}\big(\Phi_1(K) = 0\big)\, \mathsf{P}\big(\Phi_2(K) = 0\big) \\ &= \exp\big(-\Lambda_1(K)\big) \exp\big(-\Lambda_2(K)\big) \\ &= \exp\{-\Lambda_1(K) + \Lambda_2(K)\}, \ K \in \mathcal{K}. \end{aligned}$$

Verdünnungen von Poisson-Prozessen. Die $\pi(x)$-Verdünnung eines Poisson-Prozesses liefert einen Cox-Prozeß (vgl. 6.2.1). Dagegen ergibt sich bei $p(x)$-Verdünnung wieder ein Poisson-Prozeß mit dem Intensitätsmaß Λ_P,

$$\Lambda_P(B) = \int_B p(x)\, \Lambda(\mathrm{d}x), \qquad B \in \mathfrak{B}^d. \tag{6.6}$$

Die p-Verdünnung eines stationären Poisson-Prozesses ergibt einen stationären Poisson-Prozeß mit der Intensität $p\lambda$.

Formel (6.6) folgt aus der allgemeinen Beziehung (3.15), nach der für das erzeugende Funktional G_P von $p(x)$-verdünnten PP gilt

$$G_P(v) = G(v_P)$$

mit

$$v_P(x) = v(x)\, p(x) + 1 - p(x), \qquad v \in \mathfrak{B}.$$

Einsetzen in (6.5) liefert nämlich

$$G_P(v) = \exp\left\{-\int_{\mathbb{R}^d} [1 - v(x)]\, p(x)\, \Lambda(\mathrm{d}x)\right\},$$

also das erzeugende Funktional eines Poisson-Prozesses mit dem Intensitätsmaß Λ_P.

6.1.4. Statistik für den stationären Poisson-Prozeß

Im folgenden werden stets PP im $\mathbb{R}^2$ betrachtet; vieles kann sinngemäß auf den $\mathbb{R}^1$, den $\mathbb{R}^3$ oder die Kugeloberfläche übertragen werden. Für den $\mathbb{R}^1$ (wichtigster Fall: zufällige Zeitpunkte) gibt es eine umfangreiche Literatur (vgl. u. a. [13, 94, 102]).

Die Intensität λ schätzt man i. allg. nach (3.16). Da man häufig das Stichprobenfenster B in gleiche große Quadrate mit der Fläche $F(Q)$ einteilt, liegt es nahe, die Punktanzahlen in den Quadraten zur Schätzung zu benutzen. Ein Schnellverfahren zur Bestimmung von λ besteht darin, den Anteil p_0 der leeren Quadrate zu ermitteln und λ aus

$$p_0 = \exp\left(-\lambda F(Q)\right)$$

zu berechnen. Vertrauensintervalle für λ findet man z. B. in [90], S. 148 und 266. Brauchbare Näherungen im Fall großer Punktanzahlen n in der untersuchten Menge B mit dem Flächeninhalt $F(B)$ liefert

$$\left(\frac{z_\alpha}{2} - \sqrt{n}\right)^2 \lesseqgtr \lambda F(B) \lesseqgtr \left(\frac{z_\alpha}{2} - \sqrt{n+1}\right)^2 \qquad (6.7)$$

mit $z_\alpha = 1{,}65$; 1,96 bzw. 2,58 für $\alpha = 0{,}10$; 0,05 bzw. 0,01 (statistische Sicherheit $= 1 - \alpha$).

Man kann zeigen, daß für einen stationären Poisson-Prozeß der Schätzer $\hat{K}$ bei großem Fenster B näherungsweise normalverteilt ist. Eine Näherungsformel für die Streuung von $\lambda^2 K(r)$ nach (3.17) ist nach [88]

$$\mathsf{V}\big(\lambda^2 \hat{K}(r)\big) = 2\lambda^2 \pi r^2 / F(B) + 0{,}24 \lambda^3 L(B)\, r^5 / F(B)^2 .$$

Die Hypothese, daß ein Poisson-Prozeß stationär ist, kann man testen, indem für zwei (oder mehrere) Teilbereiche B_1 und B_2 des Stichprobenfensters getrennt die Punktzahlen n_1 und n_2 in B_1 und B_2 bestimmt werden. Im Fall der Stationarität hat die folgende Größe F näherungsweise eine F-Verteilung mit $(2n_1 + 1,\ 2n_2 + 1)$ Freiheitsgeraden,

$$F = \frac{F(B_1)\,(n_2 + 0{,}5)}{F(B_2)\,(n_1 + 0{,}5)} \qquad (6.8)$$

(vgl. [90], S. 152). Bei gegebener Irrtumswahrscheinlichkeit α wird also die Stationaritätshypothese abgelehnt, wenn $F > F_{2n_1+1, 2n_2+1, \alpha/2}$. (Die Indizes „1" und „2" sind so zu wählen, daß $F > 1$.)

Zum Test der Hypothese, daß ein stationärer PP Poissonsch ist, gibt es eine Reihe von Verfahren (vgl. u. a. [57, 88]).

Mit relativ wenig Aufwand verbunden und für vorläufige Aussagen geeignet sind *Abstandsmethoden.* Zunächst liegt es nahe, die empirische Verteilung der kürzesten Abstände von Punkt zu Punkt zu ermitteln und mit der theoretischen Verteilung in (6.3) zu vergleichen. Da aber die Abstände untereinander abhängig sind, erhielte man eine abhängige Stichprobe und könnte die üblichen statistischen Verfahren nicht anwenden. Daher geht man wie folgt vor (vgl. [88]): In B werden durch Zufallszahlen m zufällige Punkte $P_1, \ldots, P_m$ bestimmt, unter den in B liegenden Punkten ebenfalls m zufällig ausgewählt. Dann werden die kürzesten Abstände $u_1, \ldots, u_m$ von den P_i zu den Punkten des zu untersuchenden Punktmusters ermittelt und für jeden der ausgewählten Punkte des Musters der kürzeste Abstand v_i zu den übrigen Punkten bestimmt (Größenordnung für m: $\approx 5\%$ der Anzahl der Punkte des Musters).

Damit liegen zwei unabhängige Stichproben vor, und unter der Poisson-Hypothese folgen die u_i und v_i näherungsweise (bei großem B) der Verteilung

$$H_s(r) = D(r) = 1 - \exp(-\pi\lambda r^2), \qquad r \geqq 0.$$

Also haben die Größen u_i^2 und v_i^2 näherungsweise eine Exponentialverteilung mit dem Parameter $\pi\lambda$. Hieraus folgt, daß die Größe h_F,

$$h_F = \sum_{i=1}^{m} u_i^2 \Big/ \sum_{i=1}^{m} v_i^2,$$

näherungsweise eine F-Verteilung mit $(2m, 2m)$ Freiheitsgraden hat und h_N,

$$h_N = \frac{1}{m} \sum_{i=1}^{m} u_i^2/(u_i^2 + v_i^2),$$

näherungsweise eine Normalverteilung mit dem Mittelwert 1/2 und der Streuung $m/12$. Somit können Tests konstruiert werden. Ist z. B. der empirisch ermittelte Wert h_N signifikant kleiner als 1/2, so muß man mit einer relativ regelmäßigen Verteilung der Punkte rechnen, bei einer Abweichung nach oben mit einer klumpenförmigen Punktanordnung. (Wegen weiterer Literatur zu „Abstandsmethoden" vgl. [25, 88].)

Für genauere Untersuchungen werden Methoden empfohlen, die die *Punktanzahlen* in gleich großen *Quadraten* (oder Kreisen) benutzen. Man bestimmt die mittlere Anzahl $\bar{x}$ und die Stichprobenstreuung s^2 der Punktanzahlen in den Quadraten und berechnet den Dispersionsindex I,

$$I = (n - 1)\, s^2/\bar{x},$$

wobei n die Anzahl der Quadrate ist. Unter der Poisson-Hypothese folgt I näherungsweise einer χ^2-Verteilung mit $n - 1$ Freiheitsgraden. Wenn also I größer als $\chi^2_{n-1;\alpha}$ oder kleiner als $\chi^2_{n-1;1-\alpha}$ ist, muß die Hypothese abgelehnt werden. (Der Test beruht darauf, daß Mittelwert und Streuung einer Poisson-Verteilung gleich sind.)

Ein aufwendigeres Verfahren ist das von GREIG-SMITH (vgl. [57], [88], Kap. 6) das erlaubt, „Klumpenbildungen" und Regelmäßigkeiten" in verschiedenen Größenbereichen („Skalen") zu ermitteln. Wenn das Stichprobenfenster B ein Quadrat ist (in anderen Fällen kann das Verfahren sinngemäß modifiziert werden), wird B in 2^q flächengleiche, kleine Quadrate (oder andere Flächen) eingeteilt. Für alle diese Quadrate werden die Punktanzahlen ermittelt. Es werden dann die Größen $s_1^2, s_2^2, \ldots$ berechnet,

$$s_1^2 = \left[\sum_{(j)} (\text{Anzahl im } j\text{-ten Quadrat})^2 - \frac{1}{2} \sum_{(k)} (\text{Anzahl im } k\text{-ten Quadratpaar})^2\right] \Big/ 2^{q-1},$$

$$s_2^2 = \left[\sum_{(j)} (\text{Anzahl im } j\text{-ten Quadratpaar})^2 - \frac{1}{2} \sum_{(k)} (\text{Anzahl in der } k\text{-ten Vierergruppe von Quadraten})^2\right] \Big/ 2^{q-1}$$

usw.

Im Fall $q = 6$ kann man die Quadrate wie auf dem Schachbrett bezeichnen. Dann sind „Quadratpaare" z. B. die Felder $a1/a2$, $a3/a4, \ldots$, $b1/b2$, $b3/b4, \ldots$ und „Gruppen von vier Quadraten" z. B. $a1/a2/b1/b3$, $a3/a4/b3/b4, \ldots$

Die Größen $s_1^2, s_2^2, \ldots$ sind erwartungstreue Schätzungen für die Streuung der Punktanzahl in einem kleinen Quadrat. Es liegt also nahe, ähnlich wie beim Dispersionsindextest zu arbeiten, d. h. die folgenden Größen $I_1, I_2, \ldots$ zu berechnen,

$$I_j = 2^{q-j} s_j^2 / \bar{x}, \qquad j = 1, 2, \ldots,$$

wobei $\bar{x}$ die mittlere Punktanzahl in den kleinen Quadraten ist, und den χ^2-Test anzuwenden. Die Freiheitsgrade sind dabei 2^{q-1}, $2^{q-2}, \ldots$. Wenn z. B. $I_3/2^{q-3}$ signifikant größer als Eins ist, so ist eine „Klumpenbildung" im Größenbereich von Gruppen von vier Quadraten anzunehmen, wenn $I_4/2^{q-4}$ signifikant kleiner als Eins ist, so ist mit „Regelmäßigkeiten" der Punktverteilung im Größenbereich von Gruppen von acht Quadraten zu rechnen.

Beispiel. Die Mittelpunkte der großen Marskrater (Durchmesser > 200 km; vgl. [54]) bilden ein Punktmuster, das hier als Realisierung eines PP auf der Kugel aufgefaßt wird. Teilt man die Kugeloberfläche in 32 gleich große Gebiete ein, so ergeben sich die Punktanzahlen in Tabelle 2, wo auch die Art und Weise der Zusammenfassung kleinerer Gebiete zu größeren angegeben ist. Es gilt $q = 5$ und $\bar{x} = 0,97$. Für die Streuungen s_i^2 und die Testgrößen I_i ergeben sich die Werte in Tabelle 3, die den χ^2-Werten für $\alpha = 0,05$ gegenübergestellt wurden.

Tabelle 2
Anzahlen großer Marskrater in 32 Gebieten.

0° – 90°	90° – 180°	180° – 270°	270° – 360°	
0	0	0	1	48,5°
0	1	0	0	30° Nordhalbkugel
0	1	0	2	14,5°
1	0	0	2	0°
0	0	0	4	14,5°
0	0	1	0	30° Südhalbkugel
0	2	1	2	48,5°
6	4	2	1	

Tabelle 3
Größen zum Test auf Poisson-Verteilung für die Marskrater.

i	s_i^2	I_i	FG	$\chi^2_{0,05}$
1	1,97	32,5	16	26,3
2	0,84	6,9	8	15,5
3	4,84	20,0	4	9,5
4	0,16	0,3	2	6,0
5	7,03	7,2	1	3,8

Für $i = 1, 3$ und 5 sind die I-Werte größer als die kritischen Werte. Das bedeutet: Die Unterschiede zwischen Nord- und Südhalbkugel ($i = 5$), zwischen Achtelkugeln ($i = 3$) und zwischen 1/32-Kugeln ($i = 1$) sind größer als für den Poisson-Prozeß zulässig, es liegt „Klumpung" in verschiedenen Größenordnungen vor. Der auf (6.8) beruhende Test, angewendet auf die Nord- und Südhalbkugel liefert: $n_1 = 8$, $n_2 = 23$, $F = 2{,}76$. Bei einer Irrtumswahrscheinlichkeit von 0,05 wird die Hypothese gleicher Intensitäten auf beiden Halbkugeln abgelehnt wegen $F_{17;47;0,025} \approx 2{,}1$. (Die Abweichungen vom Poisson-Prozeß rühren wahrscheinlich daher, daß die die Krater bildenden Meteoriten in Schauern niedergingen und daß ferner das Kratermuster durch geologische Prozesse modifiziert wurde.)

6.2. *Weitere Punktprozeßmodelle*

6.2.1. Coxsche oder doppelt stochastische Poisson-Prozesse

Unter einem Cox-Prozeß versteht man einen PP Φ_C, dessen Verteilung P darstellbar ist in der Form

$$P(Y) = \int P_\Lambda(Y)\, Q(\mathrm{d}\Lambda)\,; \qquad Y \in \mathfrak{N},$$

wobei Q eine Wahrscheinlichkeitsverteilung auf $[\mathcal{M}, \mathfrak{M}]$ ist und P_Λ die Verteilung eines Poisson-Prozesses mit dem Maß Λ; Q ist die Verteilung eines zufälligen Maßes η und heißt Leitgesetz von Φ_C (vgl. [59]).
Man verbindet mit einem Cox-Prozeß die Vorstellung eines zweistufigen Zufallsmechanismus': Zunächst wird gemäß der Verteilung Q ein Maß Λ auf $\mathbb{R}^d$ zufällig „ausgewürfelt“, danach wird der Poisson-Prozeß mit dem Intensitätsmaß Λ realisiert.

Ein einfacher Spezialfall ist der sogenannte *gemischte Poisson-Prozeß*. Hier ist Q die Verteilung eines zufälligen Maßes η der Form $\eta = X\mu$, wobei X eine positive Zufallsgröße ist und μ ein festes lokalendliches Maß auf $\mathfrak{B}^d$. Jeder Realisierung von η bzw. X entspricht also ein Poisson-Prozeß, dessen Intensitätsmaß proportional μ ist.

Ferner ist ein $\pi(x)$-verdünnter Poisson-Prozeß mit dem Intensitätsmaß Λ Coxsch. Das zugehörige zufällige Maß η lautet hier

$$\eta(B) = \int_B \pi(x)\, \Lambda(\mathrm{d}x)\,, \qquad B \in \mathfrak{B}^d.$$

Es gelten folgende Formeln:
Leerwahrscheinlichkeit:

$$\mathsf{P}(\Phi_C \cap K = \emptyset) = \mathsf{E} \exp\left(-\eta(K)\right)$$

Erzeugendes Funktional:

$$G_C(v) = \mathsf{E} \exp\left\{-\int [1 - v(x)]\, \eta(\mathrm{d}x)\right\} = L_Q(1 - v)\,, \qquad v \in \mathfrak{V},$$

wobei L_Q das Laplace-Funktional zu Q ist.

Die faktoriellen *Momentenmaße* eines Cox-Prozesses sind gleich den entsprechenden Momentenmaßen des Leitgesetzes Q. Ist Q stationär, so gilt dasselbe auch für den PP, und seine *Intensität* ist gleich der von Q.

Die statistische Bestimmung des Leitgesetzes Q ist nicht einfach (vgl. hierzu KRICKEBERG [51]). Cox-Prozesse sind vor allem für theoretische Untersuchungen wichtig, weil für sie viele Rechnungen noch ähnlich einfach wie bei Poisson-Prozessen durchgeführt werden können (vgl. [31]).

6.2.2. Der Neyman-Scott-Prozeß

Der Neyman-Scott-Prozeß ist der wohl am häufigsten als Modell benutzte stationäre Schauerprozeß. Hier bilden die Elternpunkte einen stationären Poisson-Prozeß mit der Intensität λ, und die Schauer sind unabhängig und homogen. Wenn die Schauer $N(x)$ isotrop sind, so ist der Schauerprozeß nicht nur stationär, sondern auch isotrop. Offenbar ist der Neyman-Scott-Prozeß auch als Boolesches Modell interpretierbar.

Für die *Intensität* λ_S gilt

$$\lambda_S = \bar{s}\lambda\,,$$

wobei $\bar{s}$ die mittlere Punktezahl je Schauer ist. Die *Produktdichte* 2. Ordnung lautet im bewegungsinvarianten Fall (vgl. [88], S. 164)

$$\varrho_S^{(2)}(r) = \lambda_S^2 + \lambda \mathsf{E}\big(s(s-1)\big)\, d(r)/d\omega_d r^{d-1}\,, \qquad r \geqq 0\,.$$

Dabei sind s die zufällige Anzahl der Punkte je Schauer und $d(r)$ die Dichtefunktion des Abstandes zweier zufällig gewählter Punkte eines Schauers. (Der erste Term hängt mit den Beziehungen der Punkte verschiedener Schauer zusammen, während der zweite zu den Punkten eines Schauers gehört.)

Zwei wichtige Beispiele ebener Schauerprozesse sind der *Matérn-Cluster-Prozeß* und der *modifizierte Thomas-Prozeß*. Bei beiden Modellen hat s eine Poisson-Verteilung mit dem Parameter μ. Beim Matérn-Cluster-Prozeß (vgl. Abb. 6) sind die Schauerpunkte in einem Kreis mit dem Radius R um den zugehörigen Elternpunkt gleichmäßig verteilt, während sie beim modifizierten Thomas-Prozeß einer symmetrischen Normalverteilung mit dem Mittelpunkt im Elternpunkt und der Streuung σ^2 folgen. Es gilt $\bar{s} = \mu$

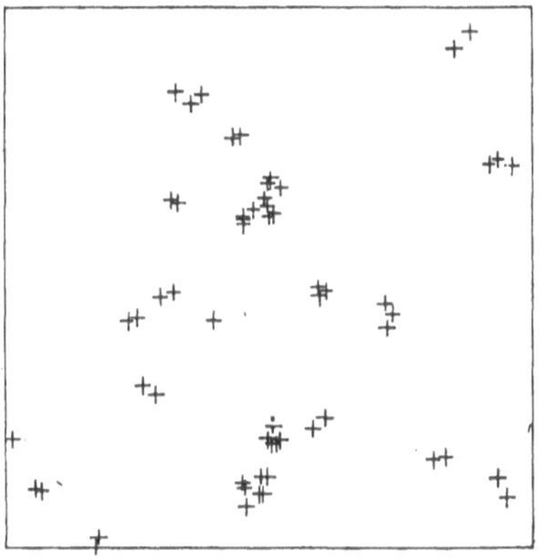

Abb. 6. Durch Zufallszahlen erzeugte Realisierung eines Matérn-Cluster-Prozesses (Parameter: $\lambda = 25$; $R = 0{,}025$; $\mu = 2$; Seitenlänge des Quadrats 1).

in beiden Fällen, und $\varrho_S^{(2)}$ lautet für ebene PP wie folgt (vgl. [14], S. 149)

$$\varrho_S^{(2)}(r) \begin{cases} (\lambda\mu)^2 + \lambda\mu^2 \dfrac{16}{\pi} y \,\{\operatorname{arc\,cos} y - y(1 - y^2)^{1/2}\}/4\pi r R, \; y = r/2R \\ \qquad\qquad\qquad\qquad\qquad\qquad\qquad\qquad 0 \leqq r \leqq 2R, \\ (\lambda\mu)^2; \qquad\qquad\qquad\qquad\qquad\qquad\quad r > 2R, \\ (\lambda\mu)^2 + \lambda\mu^2 \{\exp -r^2/4\sigma^2\}/4\pi\sigma^2, \qquad r \geqq 0. \end{cases}$$

Die Leerwahrscheinlichkeit für den Neyman-Scott-Prozeß kann nach den Formeln für das Boolesche Modell berechnet werden. Das erzeugende Funktional ergibt sich aus der allgemeinen Formel für G_S in 3.5.

Es sei noch bemerkt, daß es möglich ist, zahlreiche Neyman-Scott-Prozesse als Cox-Prozesse aufzufassen. Das ist dann der Fall, wenn die Anzahl der Tochterpunkte eines Schauers poissonverteilt ist, wie z. B. beim Matérn-Cluster-Prozeß und beim modifizierten Thomas-Prozeß.

6.2.3. Ein Hard-Core-Punktprozeß

Unter Hard-Core-PP versteht man PP, bei denen die Punktabstände einen Minimalwert $2R$ nicht unterschreiten; sie sind also Modelle für die Positionen einander nicht überlappender Kreise

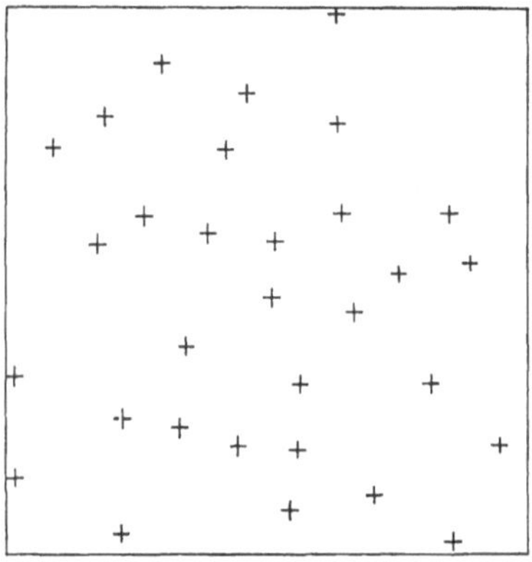

Abb. 7. Durch Zufallszahlen erzeugte Realisierung eines Matérnschen Hard-Core-Prozesses (Parameter: $\lambda = 200$; $2R = 0{,}1$; Seitenlänge des Quadrats 1).

oder Kugeln mit dem Radius R (vgl. Abb. 7). Matérn [55] schlug zwei Modelle dieser Art vor, von denen hier dasjenige behandelt wird, das i. allg. Prozesse mit größerer Intensität λ_R liefert.

Ausgangspunkt ist ein Poisson-Prozeß Φ mit der Intensität λ. Seine Punkte erhalten unabhängig voneinander in $[0, 1]$ gleichmäßig verteilte Marken. Ein Punkt $x \in \Phi$ gehört auch zum Hard-Core-Prozeß Φ_R, wenn in der Kugel $b(x, 2R)$ kein anderer Punkt mit einer kleineren Marke liegt. (Also entsteht Φ_R aus Φ durch eine abhängige Verdünnung. Man kann die Punkte aus Φ als Standorte von Pflanzensämlingen deuten und die Marken als die Zeitpunkte, in denen ihr Wachstum beginnt. Dann enthält Φ_R die Standorte der schließlich überlebenden genügend frei stehenden Pflanzen.)

Die *Intensität* λ_R von Φ_R ist nach (3.8) gleich

$$\lambda_R = p_{ü}\lambda,$$

wobei $p_{ü}$ die Palmsche Überlebenswahrscheinlichkeit eines typischen Punktes von Φ ist mit

$$p_{ü} = \int_0^1 l(t)\,\mathrm{d}t = \big(1 - \exp(-\lambda c)\big)/\lambda c, \qquad c = (2R)^d\,\omega_d.$$

Hier bezeichnet $l(t)$ die Überlebenswahrscheinlichkeit eines Punktes mit der Marke t,

$$l(t) = \exp(-ct), \qquad 0 \leqq t \leqq 1.$$

Für $R = 1$ ist die maximale Intensität $\lambda_R \approx 0{,}08$ $(d = 2)$ bzw. $\lambda_R \approx 0{,}03$ $(d = 3)$; sie ergibt sich für $\lambda \to \infty$.

Die *Produktdichte* 2. Ordnung, $\varrho_R^{(2)}(r)$, lautet

$$\varrho_R^{(2)}(r) = \begin{cases} 0, & r \leqq 2R, \\ \dfrac{2U(r)\,[1 - \exp(-\lambda r)] - 2c[1 - \exp(-\lambda U(r))]}{cU(r)\,[U(r) - c]}, & r > 2R, \end{cases}$$

mit $U(r) = V(b(o, 2R) \cap b(x, 2R))$, wobei x ein Punkt mit dem Abstand r von o ist. Man erhält diese Formel ausgehend von $\varrho_R^{(2)}(r) = \lambda^2 k(r)$, wobei $k(r)$ die Wahrscheinlichkeit dafür ist, daß zwei Punkte aus Φ mit dem Abstand r gemeinsam überleben.

Die Wahl anderer Markenverteilungen für die Verdünnung (anstelle der Gleichverteilung) ermöglicht es nicht, die Intensität λ_R zu steigern. Prinzipiell ist es möglich, auch nicht Poissonsche PP als Ausgangspunkt zu wählen (vgl. [37]).

Abschließend sei noch erwähnt, daß u. a. in der Festkörperphysik intensiv mit dreidimensionalen PP gearbeitet wird, die die

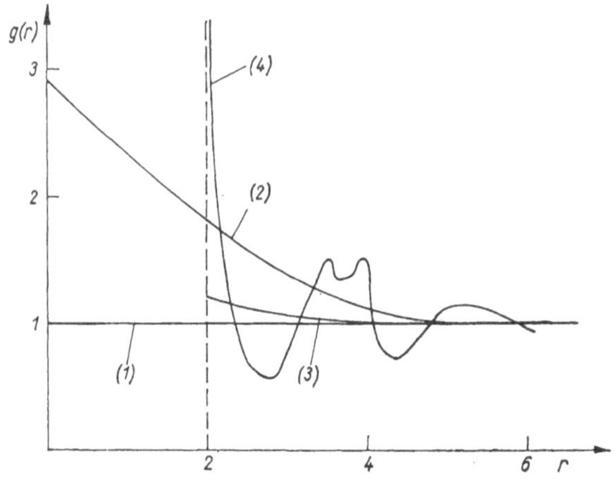

Abb. 8. Paarverteilungsfunktionen $g(r) = \varrho^{(2)}(r)/\lambda^2$ für verschiedene räumliche PP: (1) Poisson-Prozeß, (2) Matérn-Cluster-Prozeß ($R = 2{,}5$; $\mu = 5$; Intensität der Elternpunkte: 0,04), (3) Matérnscher Hard-Core-Prozeß ($R = 1$; $p_{\ddot{u}} \approx 0{,}03$), (4) zufällige dichte Kugelpackung (Näherung; $R = 1$).

Mittelpunkte dichter zufälliger Kugelpackungen beschreiben (vgl. z. B. [11]). Empirisch ist bekannt, daß für $R = 1$ ihre Intensität bei 0,153 liegt (also wesentlich über der des Matérnschen Hard-Core-Prozesses) und die Paarverteilungsfunktion $g(r)$ die auf Abb. 8 angegebene Form hat.

6.2.4. Ein Modell für endliche Punktsysteme

Häufig liegen die zu beobachtenden Punkte nur in einem sehr beschränktem Gebiet (z. B. Standorte seltener Pflanzen mit besonderen Ansprüchen an den Boden), so daß es als nicht angemessen erscheint, sie als Stück einer Realisierung eines stationären PP aufzufassen. Dann ist es besser, z. B. mit dem folgenden Modell zu arbeiten.

In einer beschränkten Borel-Menge B sind n Punkte nach der n-dimensionalen Dichte $f(x_1, \ldots, x_n)$ verteilt. Das heißt, die Wahrscheinlichkeit dafür, daß in differentiell kleinen Umgebungen der Punkte $x_1, \ldots, x_n \in B$ je ein Punkt liegt, ist gleich $f(x_1, \ldots, x_n)$ $dx_1 \cdots dx_n$. Ein häufig benutzter Ansatz (vgl. [40, 52], [88], S. 166) für f lautet

$$f(x_1, \ldots, x_n) = \begin{cases} c \exp\left(\beta y_n(r_1)\right), & \text{falls } x_1, \ldots, x_n \in B, \\ & \text{und } y_n(r_0) = 0 \\ 0 \quad \text{sonst,} & \end{cases}$$

wobei $y_n(r) = \sum_{i<j} \alpha_r(x_i, y_j)$, $\alpha_r(x_i, x_j) = 1$, falls $\varrho(x_i, x_j) \leqq r$ und $\alpha_r(x_i, x_j) = 0$ sonst, $r \geqq 0$.

Offenbar ist $y_n(r)$ die Anzahl der Punktepaare mit einem Abstand $\leqq r$. Die Größen β, r_0 und r_1 sind Modellparameter, wobei r_0 ein Hard-Core-Abstand zwischen den Punkten ist, während r_1 einen Einflußradius bezeichnet; $\beta < 0$ entspricht einer Abstoßung der Punkte untereinander, während $\beta > 0$ Anziehung (Clusterbildung) bewirkt. Schließlich ist c eine Normierungskonstante, die so gewählt wird, daß f eine Dichtefunktion ist. Als Spezialfall enthält das Modell die Gleichverteilung von n Punkten in B ($\beta = 0, r_0 = 0$), für $r_0 = 0$ und $\beta > 0$ ergibt sich das Cluster-Modell von Strauss.

Die hier betrachteten PP hängen eng mit sogenannten Markowschen PP zusammen (vgl. [14, 88]). Dies sind PP, bei denen die

Verteilung des Teil-PP der Punkte in einer beliebigen Borel-Menge C unter der Bedingung gegebener Punktpositionen außerhalb von C gleich der bedingten Verteilung ist, bei der nur die Punktpositionen in einer „Umgebung" von C vorgegeben sind.

In [52] wurde gezeigt, daß sich bei „dünnen" Punktsystemen (n ist relativ klein, B relativ groß) die Sprungpunkte der Treppenfunktion y_n (als Funktion von r bei fixierten n Punkten) näherungsweise wie ein instationärer Poisson-Prozeß auf $[0, r_2]$ verhalten, wobei r_2 ein geeigneter (großer) Abstand ist. Es gilt im Fall $\beta < 0$ für die Mittelwertfunktion näherungsweise

$$\mathsf{E}y_n(r) \approx \begin{cases} 0, & r \leqq r_0, \\ \varkappa(r^2 - r_0^2) \exp(\beta), & r_0 < r \leqq r_1, \\ \varkappa(r_1^2 - r_0^2) \exp(\beta) + \varkappa(r^2 - r_1^2), & r_1 < r \leqq r_2, \end{cases}$$

wobei $\varkappa$ eine positive Konstante ist.

Mit Hilfe dieser Aussage kann man statistisch Näherungswerte für r_0, r_1 und β bestimmen sowie die Hypothese testen, daß die n Punkte rein zufällig (gleichmäßig) verteilt sind.

Ein möglicher Weg zur *Simulation* der hier besprochenen PP besteht darin, in B gleichmäßig verteilte n-Tupel $(z_1, \ldots, z_n)$ zu betrachten, die man mittels Zufallszahlen erzeugt. Man berechnet $f_z = f(z_1, \ldots, z_n)$ und vergleicht diese Zahl mit einer auf $[0, m]$ gleichmäßig verteilten Zufallszahl y, wobei m das Maximum (oder eine Schranke) von f in B ist. Gilt $y < f_z$, so wählt man $z_1, \ldots, z_n$ als Realisierung des PP, andernfalls muß ein neues n-Tupel betrachtet werden (vgl. [88]).

7. Zufällige linienförmige Strukturen

7.1. Vorbemerkungen

In diesem Kapitel sollen spezielle ZAM untersucht werden, die aus Geraden, Strecken (Segmenten) oder allgemeineren Kurvenstücken zusammengesetzt sind. Um eine bessere Verständlichkeit zu erreichen, beschränken wir uns auf linienförmige Strukturen in der Ebene; die Verallgemeinerung auf höhere Dimensionen ist dann vorgezeichnet.

Wir behandeln fast ausschließlich das vergleichsweise einfache Beispiel der Geradenprozesse (GP). An diesem Modell können bereits viele Begriffe, Fragestellungen und sogar Formeln erläutert werden, die auch für die allgemeinen Faserprozesse in Abschnitt 7.6 Bedeutung haben.

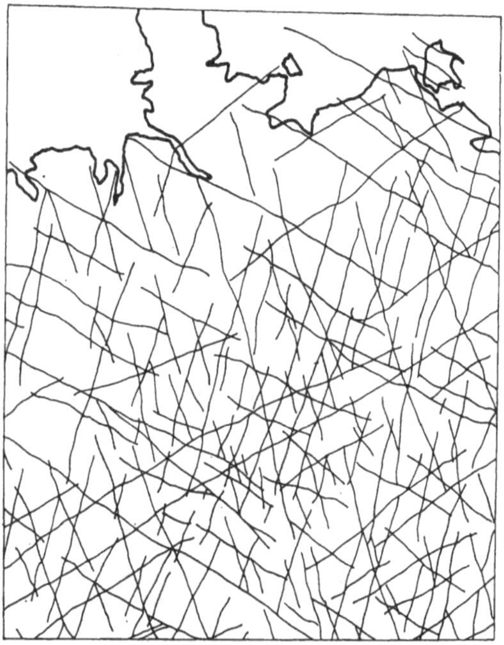

Abb. 9. Verteilung von Bruchstörungen (nach WEBER). Es liegt nahe die Gesamtheit der Linien als Realisierung eines ebenen Faserprozesses aufzufassen; als grobe Näherung könnte auch ein GP dienen. Die Struktur ist keineswegs isotrop; vielmehr erkennt man vier dominierende Richtungen (ONO–WSW, NNO–SSW, NW–SO, OSO–WNW). Die geringere Dichte der Bruchstörungslinien im Norden ist kenntnisbedingt.

Grob anschaulich formuliert versteht man unter einem (ebenen) GP eine zufällige diskrete Menge von Geraden in der Ebene. Im Sinne einer idealisierenden Betrachtungsweise kann man das Modell der GP benutzen zur Beschreibung von Teilchenbahnspuren, Straßennetzen, Systemen von Bruchstörungslinien (vgl. Abb. 9) oder der Struktur von Papier (System langer Fasern).

Als weiteres Beispiel sei die graphische Darstellung der wechselwirkungsfreien gleichförmigen Bewegung von Teilchensystemen auf einer Geraden im (zweidimensionalen) Raum-Zeit-Koordinatensystem genannt.

Für manche dieser Anwendungen können Streckenprozesse oder allgemeinere Faserprozesse wirklichkeitsnähere Modelle sein. Die GP sind aber einer mathematischen Behandlung am ehesten zugänglich.

Nachdem schon im neunzehnten und in der ersten Hälfte unseres Jahrhunderts zufällige Geraden u. a. von CROFTON und BLASCHKE [8, 92] studiert wurden, lieferte DAVIDSON um 1970 wichtige Beiträge zu einer modernen Theorie der GP [20, 21].

7.2. *Geraden in der Ebene*

Jeder Geraden g im $\mathbb{R}^2$ werden Parameter $\alpha \in [0, \pi)$ und $q \in \mathbb{R}$ zugeordnet, und zwar auf folgende Weise: Sei $g^\perp$ die Gerade durch den Ursprung, die senkrecht auf g steht. Mit α wird der Winkel bezeichnet, den derjenige Teil von $g^\perp$ (Halbstrahl), der in der Halbebene $H = \{(x, y): y > 0\} \cup \{(x, 0): x > 0\}$ liegt, mit dem positiven Teil der x-Achse bildet. Der Betrag $|q|$ von q sei gleich dem Abstand des Schnittpunktes S der Geraden g und $g^\perp$ vom Ursprung. Der Parameter q soll genau dann positiv sein, wenn S in der Halbebene H liegt.

Wir haben auf diese Weise eine eineindeutige Zuordnung der Menge $\mathcal{G}$ aller Geraden zu den Punkten (α, q) des Parameterraums $\mathcal{C} = [0, \pi) \times \mathbb{R}$ gewonnen. Mit $\mathfrak{C}$ werde die σ-Algebra der Borel-Mengen aus $\mathcal{C}$, mit $\mathfrak{C}_0 \subset \mathfrak{C}$ das Teilsystem der beschränkten Borel-Mengen bezeichnet. (Es liegt nahe, in der anschaulichen Vorstellung den Streifen $\mathcal{C}$ zu einem Zylinder zusammenzubiegen.)

Den Translationen der Ebene entsprechen die folgenden Transformationen $(\alpha, q) \to (\alpha', q')$ des Parameterraums $\mathcal{C}$:

$$\alpha' = \alpha, q' = q + r \cos(\alpha - \beta), \qquad \beta \in [0, \pi), \qquad r \in \mathbb{R}. \tag{7.1}$$

Ein Maß μ auf $[\mathcal{C}, \mathfrak{C}]$ wollen wir *translationsinvariant* nennen, falls es durch alle Transformationen (7.1) unverändert gelassen wird. Man kann zeigen, daß ein lokalendliches Maß μ auf $[\mathcal{C}, \mathfrak{C}]$ genau dann translationsinvariant ist, wenn es sich in der Form

$$\mu = \varkappa \times \nu \tag{7.2}$$

darstellen läßt, wobei $\varkappa$ ein endliches Maß auf $[0, \pi)$ und ν das Lebesgue-Maß auf $\mathbb{R}$ ist. Die Gleichung (7.2) schreibt man auch in der Gestalt

$$\mu\big(\mathrm{d}(\alpha, q)\big) = \varkappa(\mathrm{d}\alpha)\,\mathrm{d}q. \qquad (7.2')$$

Für Maße μ auf $[\mathscr{C}, \mathfrak{C}]$, die nicht nur translationsinvariant, sondern auch isotrop, d. h. insgesamt *bewegungsinvariant* sind, ist $\varkappa$ ein Vielfaches der Gleichverteilung auf $[0, \pi): \varkappa(\mathrm{d}\alpha) = s\,\mathrm{d}\alpha$, $s \geqq 0$. Dann gilt $\mu\big(\mathrm{d}(\alpha, q)\big) = s\,\mathrm{d}\alpha\,\mathrm{d}q$, $s \geqq 0$.

Das zu $s = 1$ gehörende Maß heißt *invariantes Geradenmaß* und soll durch τ bezeichnet werden:

$$\tau\big(\mathrm{d}(\alpha, q)\big) = \mathrm{d}\alpha\,\mathrm{d}q. \qquad (7.3)$$

Ein Satz der Integralgeometrie besagt, daß das τ-Maß aller Geraden, die einen Eibereich $C \subset \mathbb{R}^2$ schneiden, gleich dem Umfang von C ist (vgl. [8], S. 11, [92], S. 30):

$$\tau\{g \in \mathscr{G} : g \cap C \neq \emptyset\} = L(C). \qquad (7.4)$$

Für nichtkonvexe Mengen erfordert die Ermittlung entsprechender Maße komplizierte Überlegungen (vgl. Ambarzumjan [2], [3] und [84]).

7.3. *Definition der Geradenprozesse (zufällige Geradenfelder)*

Mit $g(\alpha, q)$ soll die Gerade mit den Parametern α, q bezeichnet werden.

Unter einem PP in $\mathscr{C}$ verstehen wir einen PP im $\mathbb{R}^2$ im Sinne von Kapitel 2, der außerhalb des Streifens $[0, \pi) \times \mathbb{R}$ keine Punkte besitzt. Sei Φ ein PP in $\mathscr{C}$ mit dem Verteilungsgesetz P. Dann soll die zufällige Geradenmenge

$$\Psi = \{g(\alpha, q) : (\alpha, q) \in \Phi\}$$

ein *ebener Geradenprozeß* (GP) mit dem Verteilungsgesetz P heißen. Das Maß Λ auf $[\mathscr{C}, \mathfrak{C}]$, das gegeben ist durch $\Lambda(B) = \mathsf{E}\Phi(B)$, $B \in \mathfrak{C}$, nennen wir *Intensitätsmaß* des GP Ψ.

Ein GP Ψ heißt *Poissonsch*, wenn der zugeordnete PP Φ in $\mathscr{C}$ Poissonsch ist. Entsprechend nennen wir Ψ einen *Coxschen* GP, wenn Φ ein Cox-Prozeß ist. Aus den Ausführungen über Poissonsche PP in Kap. 6 folgt, daß es zu jedem lokalendlichen diffusen Maß μ auf $[\mathscr{C}, \mathfrak{C}]$ genau ein Verteilungsgesetz P_μ eines Poissonschen GP gibt. Abb. 10 zeigt einen Ausschnitt aus einer Realisierung eines Geradenprozesses.

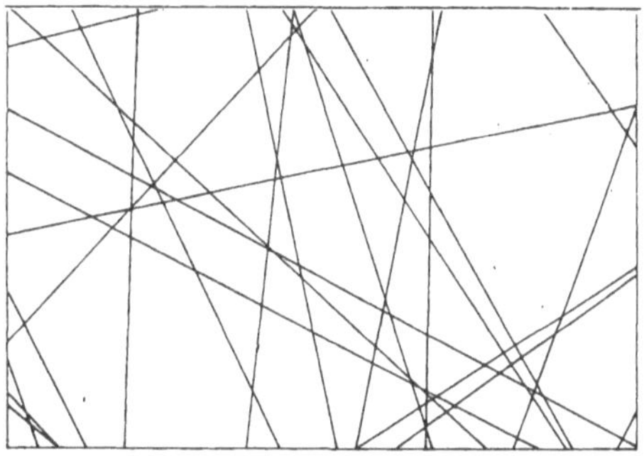

Abb. 10. Ausschnitt aus einer Realisierung eines GP.

7.4. *Stationäre Geradenprozesse*

Ein GP Ψ soll *stationär* heißen, wenn für alle $x \in \mathbb{R}^2$ der verschobene GP $\Psi_x = \{g_x : g \in \Psi\}$ das gleiche Verteilungsgesetz hat wie Ψ.

Von jetzt ab wird vorausgesetzt, daß das Intensitätsmaß Λ des betrachteten stationären GP Ψ lokalendlich und nichttrivial ist. Aus der Stationarität von Ψ folgt die Translationsinvarianz von Λ; nach 7.2 existiert also ein endliches Maß $\varkappa$ auf $[0, \pi)$ mit $\Lambda = \varkappa \times \nu$. Die Größe $L_A = \varkappa([0, \pi))$ wird *Intensität* des stationären GP Ψ genannt. Aufgrund der Voraussetzungen ist $0 < L_A < \infty$. Für die Gesamtlänge ξ_C der Strecken, die durch Schnitt von Ψ mit einem Eibereich C entstehen, gilt $\mathsf{E}\xi_C = L_A F(C)$. Somit läßt sich die Intensität L_A von Ψ deuten als mittlere Gesamtlänge der Geradenbruchstücke des Prozesses Ψ, die in einem Gebiet vom Flächeninhalt 1 liegen. Durch Normierung von $\varkappa$ ergibt sich ein Wahrscheinlichkeitsmaß $R = L_A^{-1}\varkappa$ auf $[0, \pi)$, das *Richtungsrose* genannt werden soll. Das Intensitätsmaß Λ des stationären GP Ψ kann also in der Form

$$\Lambda = L_A R \times \nu \tag{7.5}$$

dargestellt werden.

Ein einfaches Beispiel eines stationären GP erhält man, wenn man sich ein festes $\beta \in [0, \pi)$ und eine in einem Intervall $[0, a)$ gleichverteilte Zufallsgröße η vorgibt und den GP $\Psi = \{g(\beta, \eta + ka); k = 0, \pm 1, \pm 2, \ldots\}$ bildet, der aus äquidistanten parallelen Geraden besteht.

Für stationäre Ψ, die außerdem isotrop sind, stimmt R mit der Gleichverteilung auf $[0, \pi)$ überein: $R(\mathrm{d}\alpha) = \pi^{-1}\,\mathrm{d}\alpha$. In diesem Fall ist Λ ein Vielfaches des invarianten Geradenmaßes τ: $\Lambda = (L_A/\pi)\,\tau$. Somit ist für stationäre und isotrope Ψ die mittlere Anzahl der Geraden aus Ψ, die einen Eibereich C schneiden, nach (7.4) gleich $L_A L(C)/\pi$.

Gegeben sei ein Poissonscher GP Ψ mit dem Verteilungsgesetz P_μ. Er ist genau dann stationär, wenn sein Intensitätsmaß μ die Gestalt (7.2) hat, d. h. $\mu = L_A R \times \nu$, wobei R ein Wahrscheinlichkeitsmaß auf $[0, \pi)$ ist (Richtungsrose). Dann und nur dann enthält Ψ mit Wahrscheinlichkeit 1 keine parallelen Geraden, wenn R diffus ist. Der Prozeß Ψ ist genau dann zusätzlich isotrop, wenn R die Gleichverteilung auf $[0, \pi)$ ist, d. h., $\mu = (L_A/\pi) \cdot \tau$. In diesem Fall hat die Anzahl der Geraden aus Ψ, die einen Eibereich C schneiden, eine Poisson-Verteilung mit dem Parameter $(L_A/\pi)\,L(C)$.

Eine umfassendere Klasse von stationären GP besteht aus allen Coxschen GP, deren Leitgesetz auf Maßen der Form (7.2) konzentriert ist. Anschaulich kann man sich diese stationären Coxschen GP folgendermaßen erzeugt denken: Zunächst wird nach einem willkürlichen, aber fest vorgegebenen Zufallsgesetz ein endliches Maß $\varkappa$ auf $[0, \pi)$ ausgewählt. Dann wird entsprechend dem Poissonschen Gesetz mit dem Intensitätsmaß $\varkappa \times \nu$ ein PP in $\mathscr{C} = [0, \pi) \times \mathbb{R}$ realisiert. Der gesuchte GP entsteht, wenn den Punkten des PP aus dem Parameterraum $\mathscr{C}$ die entsprechenden Geraden in der Ebene zugeordnet werden. — Wenn das Zufallsgesetz, nach dem $\varkappa$ ausgewürfelt wird, gegenüber Verschiebungen $\mathrm{mod}\,\pi$ in $[0, \pi)$ invariant ist, entsteht ein stationärer GP, der außerdem isotrop ist.

Bis vor wenigen Jahren war nicht klar, ob es unter denjenigen stationären GP, die mit Wahrscheinlichkeit 1 keine parallelen Geraden enthalten, auch solche gibt, die nicht Coxsch sind. Das entsprechende von Davidson [21] (für stationäre und isotrope

GP) formulierte Problem wurde 1977 von KALLENBERG [45] durch Konstruktion eines nichtcoxschen stationären GP ohne parallele Geraden gelöst (vgl. auch [62]).

7.5. *Schnitte von Geradenprozessen*

Sei Ψ ein stationärer GP mit der Intensität $0 < L_A < \infty$ und der Richtungsrose R. Es soll der PP $\Psi \cap g$ untersucht werden, der durch Schnitt von Ψ mit der Geraden g entsteht, die die Koordinaten α, q haben möge. Der Schnittpunktprozeß $\Psi \cap g$ ist stationär auf g, und seine Intensität $P_L(\alpha)$ hängt nur von der Richtung α ab. Es gilt

$$P_L(\alpha) = L_A \int_{[0,\pi)} |\sin(\beta - \alpha)| \, R(d\beta), \qquad 0 \leqq \alpha < \pi. \tag{7.6}$$

Die Funktion $P_L : [0, \pi) \to [0, \infty)$ wird *Schnittzahlrose* genannt. Wenn Ψ nicht nur stationär, sondern auch isotrop ist, ergibt sich die konstante Schnittzahlrose

$$P_L = (2/\pi) \, L_A. \tag{7.7}$$

Falls es sich bei Ψ um einen stationären Poissonschen GP handelt, dann ist $\Psi \cap g$ ein stationärer Poissonscher PP auf g mit der Intensität $P_L(\alpha)$.

Intensität L_A und Richtungsrose R können aus der Schnittzahlrose P_L berechnet werden: Für zweimal stetig differenzierbare reelle Funktionen h mit Periode π gilt

$$L_A \int_{[0,\pi)} h(\beta) \, R(d\beta) = \frac{1}{2} \int_0^\pi P_L(\beta) \, [h(\beta) + h''(\beta)] \, d\beta. \tag{7.8}$$

Wenn man $h \equiv 1$ setzt, erhält man

$$L_A = \frac{1}{2} \int_0^\pi P_L(\beta) \, d\beta. \tag{7.9}$$

Durch die Integrale auf der linken Seite von (7.8) ist das Wahrscheinlichkeitsmaß R festgelegt. — Wenn es eine stetige reelle Funktion $\bar{r}$ mit Periode π gibt, deren Einschränkung r auf $[0, \pi)$ eine Dichte für R ist, dann erweist sich P_L als zweimal stetig differenzierbar, und es gilt

$$r(\beta) = (P_L(\beta) + P_L''(\beta))/2L_A, \qquad 0 \leqq \beta < \pi. \tag{7.10}$$

Der Schnitt $\Psi_1 \cap \Psi_2$ zweier unabhängiger stationärer GP Ψ_1, Ψ_2 mit den Intensitäten $L_{A,1}, L_{A,2}$ und den Richtungsrosen R_1, R_2 ist ein stationärer PP im $\mathbb{R}^2$ mit der Intensität

$$\lambda = L_{A,1} L_{A,2} \int\limits_{[0,\pi)} \int\limits_{[0,\pi)} |\sin(\alpha_1 - \alpha_2)| \, R_1(d\alpha_1) \, R_2(d\alpha_2). \quad (7.11)$$

Falls R_1 oder R_2 mit der Gleichverteilung auf $[0, \pi)$ zusammenfällt (z. B. wenn Ψ_1 oder Ψ_2 auch noch isotrop ist), dann vereinfacht sich der Ausdruck (7.11) für die Intensität λ von $\Psi_1 \cap \Psi_2$ zu $(2/\pi) L_{A,1} L_{A,2}$. Beweise zu den angegebenen Formeln findet man in [64], [67].

Sei Ψ ein stationärer und isotroper GP mit der Intensität L_A, $0 < L_A < \infty$, und g eine feste Gerade. Wenn man jedem Punkt x aus $\Psi \cap g$ als Marke den Winkel $\beta \in [0, \pi)$ zuordnet, den g mit derjenigen Geraden des Prozesses bildet, auf der x liegt, dann erhält man einen auf g stationären mPP. Die zugehörige Markenverteilung, d. h. die *Verteilung des typischen Schnittwinkels* (oder des Winkels in einem typischen Schnittpunkt), hat die Dichte $\frac{1}{2} \sin\beta$, $0 \leqq \beta < \pi$. Als zugehörige Verteilungsfunktion ergibt sich

$$R_L[0, \beta) = \frac{1}{2}(1 - \cos\beta), \qquad 0 \leqq \beta < \pi. \quad (7.12)$$

7.6. *Bemerkung über Faserprozesse (zufällige Faserfelder)*

Unter einem *Faserprozeß* wollen wir eine ZAM Ξ in $\mathbb{R}^2$ verstehen mit der Eigenschaft, daß für jede Kreisscheibe $C \subset \mathbb{R}^2$ der Durchschnitt $\Xi \cap C$ aus endlich vielen hinreichend glatten Kurvenstücken zusammengesetzt werden kann (hinsichtlich einer exakten Definition vgl. [66, 67]). Die bereits behandelten GP können als spezielle Faserprozesse angesehen werden; weitere Beispiele sind zufällige Systeme von Strecken, Kreisen, Kreisbögen und Berandungen von ZAM im $\mathbb{R}^2$.

Unter der *Intensität* eines stationären Faserprozesses versteht man die mittlere Gesamtlänge aller Faserbruchstücke, die in einem Eibereich vom Flächeninhalt 1 liegen. Auch der Begriff der *Richtungsrose*, der für stationäre GP eingeführt worden war, läßt sich für stationäre Faserprozesse verallgemeinern (vgl. [67]). Hier soll nur der heuristische Grundgedanke einer Definition erläutert werden: Man denke sich die zufällige Fasermenge zerlegt in Strecken gleicher infinitesimaler Länge; dann beschreibt $R(d\alpha)$ das Verhältnis der mittleren Anzahl der infinitesimalen Strecken (aus einem beliebigen Eibereich) mit einer Normalenrichtung aus $[\alpha, \alpha + d\alpha)$ zur mittleren Gesamtzahl der infinitesimalen Strecken (im gleichen Eibereich).

Beim Schnitt eines stationären Faserprozesses mit einer Geraden entsteht ein stationärer PP auf dieser Geraden, dessen Intensität $P_L(\alpha)$ nur von α, L_A und R abhängt. Alle Zusammenhänge zwischen den Größen $P_L(\alpha)$, L_A, R, die für stationäre GP hergeleitet wurden und in (7.6) bis (7.10) festgehalten sind, bleiben auch für stationäre Faserprozesse richtig. Ebenso wird die Intensität des Schnittpunktprozesses zweier unabhängiger stationärer Faserprozesse durch (7.11) wiedergegeben (vgl. [64]).

Neben der Bestimmung von R mit Hilfe der Schnittzahlrose nach (7.8) und (7.10) gibt es die Möglichkeit, die Faserrichtungen[1]) in Schnittpunkten mit vorgegebenen „Testlinien" zu ermitteln und die Verteilung R_L dieser Richtungen in R zu transformieren. Sei z. B. P_L die Intensität des PP, der beim Schnitt eines stationären Faserprozesses mit einer zur x-Achse parallelen Geraden entsteht und R_L die Verteilung der Faserrichtung beim typischen Schnittpunkt. Dann gilt unter der Voraussetzung $R\left(\left\{\frac{\pi}{2}\right\}\right) = 0$:

$$R([0, \beta)) = L_A^{-1} P_L \int\limits_{[0,\beta)} |\cos \alpha|^{-1} R_L(d\alpha), \qquad 0 < \beta \leqq \pi. \tag{7.13}$$

Praktisch kann man also L_A und R so schätzen, daß man Realisierungen des zu untersuchenden Faserprozesses (für ihn gelte $R\left(\left\{\frac{\pi}{2}\right\}\right) = 0$, er soll also keine zur x-Achse parallelen Faserstücken besitzen) mit zur x-Achse parallelen Strecken der Gesamtlänge l schneidet und in den Schnittpunkten (ihre Anzahl sei n) die Faserrichtungen $\alpha_1, \ldots, \alpha_n$ bestimmt. Schätzwerte für L_A und $R([0, \beta))$ (= Wahrscheinlichkeit, daß im typischen Faserpunkt die Richtung zwischen 0 und β liegt) sind dann

$$\hat{L}_A = \sum_{i=1}^{n} |l \cos \alpha_i|^{-1}, \tag{7.14}$$

$$\hat{R}([0, \beta)) = \sum_{\substack{i=1 \\ \alpha_i < \beta}}^{n} |\cos \alpha_i|^{-1} \Big/ \sum_{i=1}^{n} |\cos \alpha_i|^{-1}. \tag{7.15}$$

[1]) Die Faserrichtung wird gemessen durch den Winkel, den die nach oben gerichtete Normale des Faserelementes mit der x-Achse bildet.

Wählt man als Testlinien Kreise mit dem Radius r, so gilt $R_L = R$ (d. h., die in den Schnittpunkten gemessenen Faserrichtungen können als Stichprobe für R aufgefaßt werden) und $L_A = n/4Nr$, wobei n die Anzahl der Schnittpunkte und N die Anzahl der Kreise ist.

Naheliegende Verallgemeinerungen der in diesem Kapitel behandelten Prozesse sind Faserprozesse im $\mathbb{R}^3$ [66], zufällige zweidimensionale Strukturen im $\mathbb{R}^3$, allgemeiner zufällige k-dimensionale Mannigfaltigkeiten im $\mathbb{R}^a$ (vgl. [23, 65, 85, 109]).

Wenn man Bestimmungsstücke für zufällige Mannigfaltigkeiten benötigt, die aussagekräftiger als Intensität und Richtungsverteilung aber trotzdem rechnerisch handhabbar sind, kann man höhere Momentenmaße in Betracht ziehen (vgl. [99]).

Statistische Probleme für stationäre Poissonsche GP und allgemeiner für zufällige Poissonsche lineare Mannigfaltigkeiten werden in [26, 51] behandelt.

8. Zufällige Mosaike

8.1. *Vorbemerkungen*

Unter einem Mosaik versteht man eine Zerlegung der Ebene oder des Raumes in Polygone bzw. Polyeder, vgl. Abb. 11. Derartige geometrische Muster treten z. B. bei kristallinen Stoffen, Schäumen und Bruchstrukturen auf. Uns interessieren weniger die bekannten regelmäßigen, sondern allgemeiner zufällige Mosaike. Dabei beschränken wir uns auf Mosaike, deren Realisierungen aus konvexen Polygonen bzw. Polyedern zusammengesetzt sind. Spezielle in der Literatur behandelte mathematische Modelle für zufällige Mosaike sind mit der Vorstellung eines Entstehungsmechanismus, verbunden. Man kann etwa von einem PP im Raum (in der Ebene) ausgehen und den Raum nach bestimmten Regeln gewissermaßen in „Einflußgebiete“ für die Punkte des PP aufteilen. Die Voronoi-Mosaike, die später besprochen werden, gehören zu dieser Klasse. Zufällige Mosaike, die als Modell für manche Bruchstrukturen geeignet sind, erhält man, wenn man aus zufällig in der Ebene verteilten Linienelementen (Punkt und Richtung) Strecken herauswachsen läßt, deren Wachstum zum Stillstand kommt, wenn sie mit anderen solchen Strecken zusammenstoßen. Eine besondere

Klasse ebener Mosaike sind schließlich die Geradenmosaike. Darunter versteht man Zerlegungen der Ebene, die durch GP erzeugt werden. Das dreidimensionale Analogon sind die sogenannten Ebenenmosaike.

Im folgenden werden nur solche zufälligen Mosaike näher betrachtet, deren Verteilungsgesetz gegenüber Translationen invariant ist; man nennt sie stationäre zufällige Mosaike. Von Interesse sind u. a. geometrische Größen, die sich auf die „typische Zelle" oder den Kantenstern beim „typischen Knoten" beziehen. Lediglich die Mittelwerte derartiger Größen können im vorliegenden Kapitel untersucht werden.

8.2. Ebene stationäre zufällige Mosaike

Sei $\mathfrak{P}$ das System aller beschränkten offenen konvexen Polygone $\mathfrak{p} \neq \emptyset$ in $\mathbb{R}^2$. Eine Menge $\vartheta \subset \mathfrak{P}$ von Polygonen soll *Mosaik* heißen, wenn sie die folgenden Eigenschaften hat:

- $\mathfrak{p}_1 \cap \mathfrak{p}_2 = \emptyset$ für $\mathfrak{p}_1, \mathfrak{p}_2 \in \vartheta$, $\mathfrak{p}_1 \neq \mathfrak{p}_2$.
- $\bigcup_{\mathfrak{p} \in \vartheta} \bar{\mathfrak{p}} = \mathbb{R}^2$
- Jede beschränkte Menge $B \subset \mathbb{R}^2$ schneidet nur endlich viele Polygone $\mathfrak{p} \in \vartheta$.

Die Ecken der Polygone $\mathfrak{p} \in \vartheta$ heißen *Knoten* des Mosaiks ϑ. Für ein gegebenes Mosaik ϑ bezeichne K_ϑ die Menge aller Randpunkte der Polygone $\mathfrak{p} \in \vartheta$: $K_\vartheta = \mathbb{R}^2 \setminus \bigcup_{\mathfrak{p} \in \vartheta} \mathfrak{p}$. Eine in K_ϑ enthaltene Strecke heißt *Kante* des Mosaiks ϑ, wenn ihre Endpunkte Knoten von ϑ sind, aber keine weiteren Knoten in ihrem Inneren liegen.

Sei $\mathscr{T}$ die Menge aller Mosaike. Mit $\mathfrak{T}$ werde diejenige σ-Algebra in $\mathscr{T}$ bezeichnet, die von den Mengen $\{\vartheta \in \mathscr{T} : K_\vartheta \cap G \neq \emptyset\}$ erzeugt wird, wobei G alle beschränkten offenen Mengen aus $\mathbb{R}^2$ durchläuft. Unter einem *zufälligen Mosaik* verstehen wir eine Zufallsvariable Θ mit Wertebereich $[\mathscr{T}, \mathfrak{T}]$; seine Verteilung ist ein Wahrscheinlichkeitsmaß P auf $[\mathscr{T}, \mathfrak{T}]$.

Ein zufälliges Mosaik Θ und seine Verteilung P heißen *stationär*, wenn für alle $x \in \mathbb{R}^2$ das verschobene zufällige Mosaik $\Theta + x = \{\mathfrak{p} + x : \mathfrak{p} \in \Theta\}$ die gleiche Verteilung wie Θ hat, d. h.,

$$P(\{\vartheta + x : \vartheta \in A\}) = P(A); \qquad A \in \mathfrak{T}.$$

In diesem Fall nennen wir Θ ein *ebenes stationäres zufälliges Mosaik* (EM).

Beispiele für EM sind stationäre Quadratmosaike, die aus regulären Quadratnetzen hervorgehen, wenn der Koordinatenursprung gleichverteilt in einem fixiertem Quadrat des Netzes gewählt wird. In analoger Weise sind stationäre reguläre Dreiecksmosaike, die aus kongruenten gleichseitigen Dreiecken bestehen, und stationäre reguläre Sechseckmosaike, die aus kongruenten regulären Sechsecken zusammengesetzt sind, definierbar.

Für $\vartheta \in \mathcal{T}$ bezeichne $\alpha_0(\vartheta)$ die Menge aller Knoten, $\alpha_1(\vartheta)$ die Menge der Mittelpunkte aller Kanten, $\alpha_2(\vartheta)$ die Menge der Schwerpunkte aller Polygone von ϑ. Wenn Θ ein EM ist, dann sind $\alpha_0(\Theta)$, $\alpha_1(\Theta)$, $\alpha_2(\Theta)$ stationäre PP in $\mathbb{R}^2$. Sei λ_k die Intensität des stationären PP $\alpha_k(\Theta)$; $k = 0, 1, 2$. Wir nennen λ_k die mittlere Anzahl von Knoten ($k = 0$), Kanten ($k = 1$) und Polygonen ($k = 2$) pro Flächeneinheit und setzen von jetzt ab immer voraus $0 < \lambda_0, \lambda_1, \lambda_2 < \infty$.

Für $\vartheta \in \mathcal{T}$ mit

— $o \in \alpha_0(\vartheta)$ sei $b_{01}(\vartheta)$ die Anzahl und $b_{03}(\vartheta)$ die Gesamtlänge der von o ausgehenden Kanten,
— $o \in \alpha_1(\vartheta)$ sei $b_{13}(\vartheta)$ die Länge der durch o gehenden Kante,
— $o \in \alpha_2(\vartheta)$ sei $b_{20}(\vartheta)$ die Anzahl der Knoten auf dem Rand, $b_{23}(\vartheta)$ der Umfang und $b_{24}(\vartheta)$ die Fläche des Polygons, das o enthält.

Man kann zeigen, daß für gegebenes EM Θ positive Konstanten $B_{01}, B_{03}, B_{13}, B_{20}, B_{23}, B_{24}$ existieren mit

$$\mathsf{E} \sum_{x \in \alpha_k(\Theta) \cap D} b_{kl}(\Theta - x) = B_{kl} F(D); \qquad D \in \mathfrak{B}^2, k = 0, 1, 2.$$

Wir nennen

— $s_0 = B_{01}/\lambda_0$ mittlere Anzahl und $u_0 = B_{03}/\lambda_0$ mittlere Gesamtlänge der vom typischen Knoten ausgehenden Kanten,
— $k = B_{13}/\lambda_1$ mittlere Länge der typischen Kante,
— $s_2 = B_{20}/\lambda_2$ mittlere Knotenzahl, $u_2 = B_{23}/\lambda_2$ mittlerer Umfang und $a = B_{24}/\lambda_2$ mittlere Fläche des typischen Polygons.

Ausgehend von dem EM Θ kann man den Faserprozeß K_Θ betrachten, der aus sämtlichen Kanten besteht. Seine Intensität L_A heißt mittlere Gesamtkantenlänge pro Flächeneinheit.

Präzise Fassungen des oben erwähnten Begriffs „typisches Polygon“ gehen entweder von der Vorstellung aus, daß aus einem z. B. kreisförmigen Gebiet, dessen Radius gegen ∞ strebt, zufällig ein Polygon ausgewählt wird, wobei alle Polygone unabhängig von ihrer Größe mit gleicher Wahrscheinlichkeit genommen werden, oder sie basieren auf Begriffsbildungen der Theorie der Palmschen Verteilungen. Im letzteren Fall betrachtet man das Polygon um den Ursprung unter der Bedingung, daß sein Schwerpunkt im Ursprung liegt. Bei ergodischen EM, zu denen das Voronoi-Mosaik aus 8.4 und das Poissonsche Geradenmosaik aus 8.5 gehören, führen beide Zugänge zur gleichen Verteilung für die Gestalt eines zufälligen Polygons, das typisches Polygon genannt wird. Man beachte, daß das den Ursprung enthaltende Polygon anders verteilt ist; es ist in einem gewissen Sinn größer als das typische Polygon.

8.3. Beziehungen zwischen den Mittelwerten

Für den Erwartungswert der Winkelsumme im typischen Polygon ergibt sich in Übereinstimmung mit den Sätzen der Elementargeometrie der Wert $(s_2 - 2)\,\pi$. Es ist plausibel, daß dann für die mittlere Größe des typischen Winkels gelten muß: $w = (1 - 2/s_2)\,\pi$. Andererseits erhält man $w = 2\pi/s_0$, wenn man berücksichtigt, daß die Summe aller Winkel zwischen benachbarten Kanten beim typischen Knoten gleich 2π ist. Aus diesen beiden auf heuristische Weise gewonnenen Beziehungen für w folgt

$$1/s_0 + 1/s_2 = 1/2. \tag{8.1}$$

Wenn also z. B. bei jedem Knoten drei Kanten zusammenstoßen, dann hat das typische Polygon im Mittel 6 Knoten auf dem Rand. Einen exakten Beweis für (8.1) und die folgenden Gleichungen findet man in [63], vgl. auch [13]. — Alle in 8.2 definierten Mittelwerte können als Funktionen der drei Größen s_0, λ_1, k oder s_2, λ_1, k dargestellt werden. Es gilt nämlich

$$\lambda_0 = 2\lambda_1/s_0, \qquad \lambda_2 = 2\lambda_1/s_2, \tag{8.2}$$

$$u_0 = ks_0, \qquad u_2 = ks_2, \tag{8.3}$$

$$a = s_2/(2\lambda_1)\ (= 1/\lambda_2), \tag{8.4}$$

$$L_A = \lambda_1 k. \tag{8.5}$$

(Man beachte die Symmetrie hinsichtlich der Indizes „0" und „2".)

Da $s_0, s_2 \geqq 3$, folgt aus (8.1) die Ungleichung

$$3 \leqq s_0, s_2 \leqq 6.$$

Übrigens besteht wegen $s_0, s_2 \geqq 3$ jedes EM mit $s_2 = 3$ mit Wahrscheinlichkeit 1 ausschließlich aus Dreiecken und in einem EM mit $s_0 = 3$ stoßen mit Wahrscheinlichkeit 1 in jedem Knoten genau drei Kanten zusammen.

Die zweite Formel in (8.3) bedeutet, daß der mittlere Umfang des typischen Polygons gleich dem Produkt aus seiner mittleren Kantenzahl und der mittleren Kantenlänge ist. Das ist nicht trivial, da die entsprechenden Zufallsgrößen abhängig sein können. Aus (8.1) und (8.2) ergibt sich

$$\lambda_0 - \lambda_1 + \lambda_2 = 0.$$

Diese Beziehung ist deutbar als Eulerscher Polyedersatz für unendliche Polyeder.

Für das stationäre reguläre n-Eck-Mosaik ($n = 3, 4, 6$) erhält man $s_2 = n$ und $\lambda_1 = 2\sqrt{3}/k^2$ im Fall $n = 3$, $\lambda_1 = 2/k^2$ im Fall $n = 4$ und $\lambda_1 = 2/(k^2\sqrt{3})$ im Fall $n = 6$. Daraus können mit Hilfe von (8.1) bis (8.5) die übrigen Mittelwerte berechnet werden.

8.4. Ebenes Voronoi-Mosaik

Gegeben sei ein stationärer Poisson-Prozeß Φ im $\mathbb{R}^2$ mit der Intensität λ. Der $\mathbb{R}^2$ werde in Zellen aufgeteilt, die jeweils genau einen Punkt des Prozesses Φ im Inneren enthalten, und zwar nach der folgenden Regel: Dem Punkt x von Φ wird die Menge derjenigen Punkte des $\mathbb{R}^2$ zugeordnet, die zu x eine geringere Entfernung haben als zu den anderen Punkten von Φ. Die auf diese Weise konstruierten Zellen sind beschränkte konvexe Polygone (Schnitte von Halbebenen). Wir haben ein EM, das sogenannte *Voronoi-Mosaik*, erhalten (vgl. Abb. 11).

Die im vorigen Abschnitt als Parameter benutzten Größen s_2, λ_1, k können explizit als Funktionen von λ dargestellt werden [70]:

$$s_2 = 6, \qquad \lambda_1 = 3\lambda, \qquad k = 2/(3\sqrt{\lambda}).$$

Nach (8.1) bis (8.5) folgt daraus für die übrigen Mittelwerte:

$$s_0 = 3, \qquad \lambda_0 = 2\lambda, \qquad \lambda_2 = \lambda, \qquad u_0 = 2/\sqrt{\lambda}, \qquad u_2 = 4/\sqrt{\lambda},$$

$$a = 1/\lambda, \qquad L_A = 2\sqrt{\lambda}.$$

Mit Wahrscheinlichkeit 1 gehen von jedem Knoten des Voronoi-Mosaiks 3 Kanten aus; das typische Polygon hat im Mittel 6 Seiten.

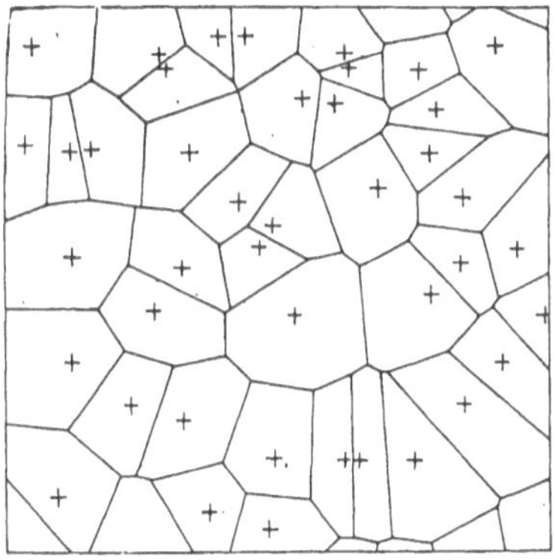

Abb. 11. Beispiel eines ebenen Voronoi-(Dirichlet-, Thiessen-) Mosaiks. Die Punkte des definierenden PP sind durch + bezeichnet. Eine Zelle besteht aus allen Elementen des $\mathbb{R}^2$, die zu einem bestimmten Punkt des PP eine kürzere Entfernung haben als zu allen anderen.

8.5. *Poissonsches Geradenmosaik*

Die durch einen stationären GP Ψ erzeugte Parzellierung der Ebene wird zufälliges *Geradenmosaik* genannt, vgl. Abb. 10. Die Intensität L_A des GP ist identisch mit der durch das gleiche Symbol bezeichneten mittleren Gesamtkantenlänge pro Flächeninhalt für das zugeordnete EM.

Sei von jetzt ab Ψ ein stationärer und isotroper Poissonscher GP (vgl. 7.4). Das von Ψ erzeugte EM wird *Poissonsches Geradenmosaik* genannt. Mit Wahrscheinlichkeit 1 gibt es keinen Punkt in der Ebene, in dem sich mehr als zwei Geraden aus Ψ schneiden. Somit ist $s_0 = 4$. Die mittlere Anzahl P_L von Geraden, die eine

Strecke der Länge 1 schneiden, soll zur Abkürzung mit ϱ bezeichnet werden. Nach 7.5 gilt $\varrho = 2L_A/\pi$, wenn L_A wie üblich die Intensität von Ψ bedeutet. Da es sich bei Ψ um einen Poissonschen GP handelt, läßt sich folgern, daß auch die Intensität des Schnittpunktprozesses auf einer beliebigen Geraden $g \in \Psi$ den Wert ϱ hat. Damit gewinnt man für die mittlere Länge der typischen Kante den Wert $k = 1/\varrho = \pi/(2L_A)$. Somit lassen sich bereits drei Mittelwerte als Funktionen von ϱ darstellen:

$$s_0 = 4, \qquad L_A = \pi\varrho/2, \qquad k = 1/\varrho.$$

Daraus kann man mit Hilfe der Formeln (8.1) bis (8.5) auch die anderen interessierenden Mittelwerte berechnen:

$$s_2 = 4, \qquad \lambda_0 = \lambda_2 = \pi\varrho^2/4, \qquad \lambda_1 = \pi\varrho^2/2, \qquad u_0 = u_2 = 4/\varrho,$$
$$a = 4/(\pi\varrho^2).$$

Das typische Polygon beim Poissonschen Geradenmosaik wird *Poisson-Polygon* genannt. Sei n die Eckenzahl, L der Umfang und F die Fläche des Poisson-Polygons. Oben wurden schon die folgenden Erwartungswerte bestimmt:

$$\mathsf{E}n = s_2 = 4, \qquad \mathsf{E}L = u_2 = 4/\varrho, \qquad \mathsf{E}F = a = 4/(\pi\varrho^2).$$

Miles hat mehrere höhere Momente berechnet, nämlich

$$\mathsf{E}n^2 = (\pi^2 + 24)/2, \qquad \mathsf{E}L^2 = 2(\pi^2 + 4)/\varrho^2, \qquad \mathsf{E}F^2 = 8/\varrho^4,$$
$$\mathsf{E}nL = (\pi^2 + 8)/\varrho, \qquad \mathsf{E}nF = 2\pi/\varrho^2, \qquad \mathsf{E}LF = 4\pi/\varrho^3, \quad \text{vgl. [68].}$$

Anmerkung: Falls Ψ ein stationärer, aber nicht notwendig isotroper Poissonscher GP mit der Richtungsrose R ist, ergibt sich für das zugehörige EM: $s_0 = s_2 = 4$, $\lambda_1 = L_A^2\zeta$, $\lambda_0 = \lambda_2 = L_A^2\zeta/2$, $k = 1/(L_A\zeta)$, $u_0 = u_2 = 4/(L_A\zeta)$, $a = 2/(L_A^2\zeta)$, wobei

$$\zeta = \int\limits_{[0,\pi)}\int\limits_{[0,\pi)} |\sin(\alpha - \beta)|\, R(d\alpha)\, R(d\beta).$$

8.6. *Bemerkungen über stationäre räumliche zufällige Mosaike*

Zerlegungen des $\mathbb{R}^3$ in beschränkte konvexe Polyeder wollen wir räumliche Mosaike nennen. Der Begriff des *stationären zufälligen Mosaiks* im $\mathbb{R}^3$ wird ähnlich dem EM gebildet. Analog zum zweidimensionalen Fall kann man Mittelwerte betrachten, die sich auf typische Knoten, Kanten, Flächen und Polyeder beziehen. Mit dem Ausdruck m-Fläche werde je nachdem ein Knoten ($m = 0$), eine Kante ($m = 1$), eine Fläche ($m = 2$) oder ein Polyeder ($m = 3$) bezeichnet. Exakte Definitionen der erwähnten und folgenden Begriffe sind in [86] enthalten.

Sei a_{mn} die mittlere Anzahl der n-Flächen, die von der typischen m-Fläche ausgehen ($m < n$) oder die typische m-Fläche begrenzen ($m > n$). Dann gilt

$$a_{02}a_{30} = a_{31}a_{03}, \quad a_{12}a_{01} = 2a_{02}, \quad a_{21}a_{32} = 2a_{31},$$
$$a_{01} - a_{02} + a_{03} = 2, \quad a_{30} - a_{31} + a_{32} = 2.$$

Man beachte die Symmetrie hinsichtlich der Indizes „0“ $\leftrightarrow$ „3“, „1“ $\leftrightarrow$ „2“. Die letzte Formel kann als Eulerscher Polyedersatz für das typische Polyeder bezeichnet werden.

Jedem stationären Poissonschen PP im $\mathbb{R}^3$ der Intensität λ, dessen Punkte als Keime angesehen werden sollen, wird ein sogenanntes *Voronoi-Mosaik* zugeordnet, dessen Zellen jeweils von den Punkten des $\mathbb{R}^3$ gebildet werden, die einem bestimmten Keim näher liegen als den übrigen Keimen. Dann gilt nach [92], S. 297/298, und den obigen Formeln[1])

$$a_{01} = a_{03} = 4, \quad a_{02} = 6, \quad a_{30} = 27{,}07, \quad a_{31} = 40{,}61,$$
$$a_{32} = 15{,}54, \quad a_{12} = 3, \quad a_{21} = 5{,}23.$$

Das typische Polyeder hat das mittlere Volumen $1/\lambda$, die mittlere Oberfläche $5{,}821\lambda^{-2/3}$, die mittlere Gesamtkantenlänge $17{,}50\lambda^{-1/3}$ und die mittlere Breite $1{,}458\lambda^{-1/3}$.

Beim Schnitt des Voronoi-Mosaiks mit einer Ebene entsteht ein EM. Wenn die Schnittebene mit dem $\mathbb{R}^2$ identifiziert wird, ist das Schnittmosaik ein EM; seine Mittelwerte sind $s_0 = 3$, $s_2 = 6$, $\lambda_0 = 2{,}92\lambda^{2/3}$, $\lambda_1 = 4{,}37\lambda^{2/3}$, $\lambda_2 = 1{,}46\lambda^{2/3}$, $k = 0{,}523\lambda^{-1/3}$, $L_A = 2{,}29\lambda^{1/3}$, $u_0 = 1{,}57\lambda^{-1/3}$, $u_2 = 3{,}14\lambda^{-1/3}$, $a = 0{,}686\lambda^{-2/3}$. Es gilt $k = 1{,}09/\sqrt{\lambda_1}$; dagegen ist beim ebenen Voronoi-Mosaik nach 8.4 $k = 1{,}15/\sqrt{\lambda_1}$. Das Schnittmosaik ist also kein ebenes Voronoi-Mosaik.

Dem räumlichen Voronoi-Mosaik ähnliche Mosaike (wobei der PP der Keime nicht Poissonsch ist) werden häufig als Modelle in der Physik betrachtet; ihre statistischen Eigenschaften werden

1) Die angegebenen Dezimalbrüche sind gerundete Größen. Exakte Werte und ausführlichere Formeln sind enthalten in [111].

durch Simulation bestimmt. Ferner konstruiert man zu einem gegebenen Punktmuster das zugehörige Voronoi-Mosaik und analysiert es statistisch in der Hoffnung, mit den Mosaikparametern das Punktmuster besser beschreiben zu können, vgl. z. B. [27].

Analog zu den stationären und isotropen Poissonschen GP im $\mathbb{R}^2$ kann man sogenannte stationäre und isotrope *Poissonsche Ebenenprozesse* im $\mathbb{R}^3$ betrachten. Für die von solchen Ebenenprozessen erzeugten Mosaike gilt

$$a_{01} = a_{32} = 6, \qquad a_{02} = a_{31} = 12, \qquad a_{03} = a_{30} = 8,$$
$$a_{12} = a_{21} = 4.$$

Das sind die gleichen a_{mn} wie beim regulären Würfelmosaik.

Sei ϱ die mittlere Anzahl von Ebenen des Prozesses, die eine Strecke der Länge 1 schneiden. Dann hat nach [71, 93] die typische Zelle, die *Poisson-Polyeder* genannt wird, das mittlere Volumen $6/(\pi\varrho^3)$, die mittlere Oberfläche $24/(\pi\varrho^2)$, die mittlere Gesamtkantenlänge $12/\varrho$ und die mittlere Breite $3/(2\varrho)$. — Der Schnitt mit einer Ebene liefert ein Poissonsches Geradenmosaik, bei dem die mittlere Anzahl von Geraden, die eine Strecke der Länge 1 schneiden, auch wieder gleich ϱ ist. Die Mittelwerte für das Schnittmosaik können also unmittelbar aus 8.5 entnommen werden.

9. Stereologie

9.1. Vorbemerkungen

Das Anliegen der Stereologie besteht darin, Aussagen über geometrische Eigenschaften dreidimensionaler Strukturen zu machen, für die nur Informationen aus ebenen oder linienförmigen Schnitten verfügbar sind. Diese Aufgabenstellung tritt z. B. dann auf, wenn geometrische Gebilde im Inneren undurchsichtiger Körper (Einschlüsse oder Poren in Metallen, Gesteinen, Kunststoffen, biologischen Geweben) untersucht werden sollen.

Im folgenden werden einige Formeln angegeben, die Charakteristiken dreidimensionaler Strukturen mit solchen Größen verbinden, die aus ebenen Schnitten — z. B. Anschliffen —, aus Dünnschnitten oder aus Messungen längs Geraden („Linearanalyse") ermittelt werden können. Da beim Übergang von räumlichen Strukturen zu Schnitten viele Informationen verloren gehen, liefern die stereologischen Formeln nur einige wenige Parameter statistischen Charakters. Die Formeln gelten unter bestimmten Annahmen über die „Zufälligkeit" der räumlichen Strukturen bzw. der schneidenden Ebenen oder Geraden. Diesbezüglich wird hier nur der Fall diskutiert, daß stationäre (meist sogar bewegungsinvariante) ZAM mit einer festen Ebene oder Geraden geschnitten werden. Man gelangt zu denselben Formeln (vgl. z. B. [100]), wenn man zum Schnitt zufällige Ebenen oder Geraden verwendet (vgl. z. B. [12, 73]). (Die erste Variante ist typisch für Anwendungen in der Metallographie und Mineralogie, während die zweite der Vorgehensweise in der Biologie und Medizin entspricht.)

Wahrscheinlich als erste benutzten Delesse (1847) und Rosiwal (1898) Ideen der Stereologie; sie erkannten, daß — unter bestimmten Voraussetzungen — der Volumenanteil einer Komponente in einem dreidimensionalen Körper gleich dem Flächenanteil in ebenen bzw. dem Längenanteil in linearen Schnitten ist (vgl. (9.1)). Wicksell (1925) löste mit einfachen Hilfsmitteln das in 9.3 behandelte Kugelschnittproblem. Heute existiert eine fast unübersehbare Menge von Resultaten und Arbeiten zu stereologischen Problemen, von denen hier nur ein kleiner Teil berücksichtigt wird. Es sei auf die Bücher [12, 91, 92, 93, 103, 108], sowie [33] verwiesen, auf die Tagungsberichte der Kongresse der Internationalen Gesellschaft für Stereologie und die Zeitschrift Journal of Microscopy.

9.2. *Mittelwertformeln*

Eine Reihe von Formeln liefert Beziehungen zwischen Mittelwerten und Intensitäten. Diese Größen werden in der Stereologie nach folgendem System bezeichnet: V = Volumen, S = Oberfläche, K = Integral der mittleren Krümmung, A = Fläche, L = Länge, N = Anzahl (von Teilchen), P = Anzahl (von Schnittpunkten). Dazu kommen die Indizes: V = pro Volumeneinheit, A = pro Flächeneinheit, L = pro Längeneinheit.

Damit bedeuten z. B.

A_A: mittlerer Flächeninhalt (einer Phase) je Flächeneinheit im ebenen Schnitt = „Flächenanteil";

S_V: mittlerer Oberflächeninhalt (Grenzflächeninhalt) je Raumeinheit = „spezifische Oberfläche" = $S_V^{(3)}$.

Für den *Volumenanteil* $p = V_V$ einer dreidimensionalen stationären ZAM gilt

$$V_V = A_A = L_L. \tag{9.1}$$

Das bedeutet, daß man V_V bestimmen kann, indem man die betrachtete ZAM mit einer beliebigen Ebene bzw. Geraden schneidet und für die im Schnitt entstehende Menge den Flächen- bzw. Längenanteil mißt. Wenn nämlich Ξ' die beim Schnitt aus Ξ entstehende Menge ist (auch sie ist stationär), so gilt für ihren Flächeninhalt (vgl. auch S. 28)

$$A_A = \mathsf{E}V(\Xi' \cap [0, 1]^2) = \int_{[0,1]^2} \mathsf{P}(x \in \Xi')\,\mathrm{d}x = \mathsf{P}(o \in \Xi) = p = V_V.$$

Die *spezifische Oberfläche* genügt folgenden Beziehungen:

$$S_V = \frac{4}{\pi} L_A, \tag{9.2}$$

$$S_V = 2P_L. \tag{9.3}$$

Man kann also S_V bestimmen, indem man in einem ebenen Schnitt die Länge aller Kurvenstücke mißt, die zu der interessierenden Oberfläche gehören, oder indem man längs einer Geraden die Schnittpunkte mit der Oberfläche zählt.

Ferner ist

$$K_V = 2\pi N_A, \tag{9.4}$$

und die *spezifische Länge* im Raum verteilter Kurvenstücke (Fasern) erfüllt

$$L_V = 2P_A. \tag{9.5}$$

(9.4) gilt insbesondere für Kollektive einander nicht überlappender, konvexer Partikel (wegen allgemeinerer Modelle vgl. [93]).

Die Formeln (9.2) bis (9.5) können für stationäre Strukturen mit gewissen lokalen Isotropieeigenschaften bewiesen werden. (Die zufällige Normalenrichtung in einem „typischen" Oberflächenpunkt muß bei (9.2), (9.3) und (9.5) gleichmäßig verteilt sein (vgl. [67, 85]; „Isometrie" nach Saltykow [91]; wegen (9.4) vgl. S. 112).) Im folgenden Abschnitt werden die Beziehungen (9.2) bis (9.4) für ein spezielles Modell bewiesen, nämlich für ein Keim-Korn-Modell im Sinne von 5.4. Allgemeinere Modelle werden u. a. in [23, 65, 109] betrachtet. Ohne Isotropieannahmen gelangt man zu Formeln, in denen die Verteilung der zufälligen

Orientierung der Oberflächenpunkte oder ähnliche Größen auftreten (vgl. z. B. [66, 85]).

Ein Näherungsvertrauensintervall für S_V zur statistischen Sicherheit $1 - \alpha$ ist

$$2\left(\sqrt{n} - \frac{z_\alpha}{2}\right)^2/l \leqq S_V \leqq 2\left(\sqrt{n+1} + \frac{z_\alpha}{2}\right)^2/l \qquad (9.3')$$

mit l = Gesamtlänge der Meßlinie(n), n = Anzahl der Schnittpunkte. (Unter der Annahme, daß die Schnittpunkte einen Poisson-Prozeß bilden, ist (9.3′) eine Folgerung aus (6.7).) Allgemein werden statistische Fragen der Stereologie auf unterschiedlichem Niveau u. a. in [12, 16, 28, 73] behandelt.

9.3. *Stereologische Formeln für Keim-Korn-Modelle*

Für Keim-Korn-Modelle (vgl. 5.4) sind nicht nur V_V, S_V und K_V interessant, vielmehr sind auch Informationen über die Körner und ihre Anzahl je Volumenanteil erwünscht, d. h. über N_V (in der Bezeichnungsweise aus 5.4), das mittlere Kornvolumen $\overline{V}$, die mittlere Oberfläche $\overline{S}$ und weitere Größen, jeweils für ein typisches Korn.

Ohne gewisse Formannahmen (z. B., daß die Körner kugelförmig sind) oder die Vorgabe von „Formfaktoren" wie $\zeta = 36\pi V^2/S^3$ scheint man i. allg. nicht zum Ziel zu kommen, so daß die folgenden Formeln mehr theoretischen Charakters sind; vor allem ermöglichen sie einen Beweis der Formeln (9.2), (9.3) und (9.4). Wenn aber N_V oder $\overline{V}$ bekannt sind (wenn z. B. Partikel in Kunstharz eingebettet werden, um aus ebenen Schnitten $\overline{S}$ stereologisch zu ermitteln), dann können auch alle übrigen in den folgenden Formeln auftretenden Größen sofort bestimmt werden. Es gilt im Fall des Schnittes mit einer Ebene:

$$N_V\overline{V} = N_A\overline{F}, \qquad N_V\overline{S} = 4N_A\overline{L}/\pi, \qquad N_V\overline{K}/2 = \pi N_V\overline{\overline{b}} = \pi N_A; \qquad (9.6)$$

und für den Schnitt mit einer Geraden:

$$N_V\overline{V} = N_L\overline{l}, \qquad N_V\overline{S} = 4N_L. \qquad (9.7)$$

(In diesen Formeln sind $\overline{\overline{b}}$ der Erwartungswert der mittleren Breite eines typischen Korns, $\overline{F}$ der mittlere Flächeninhalt eines typischen Korns im ebenen Schnitt, $\overline{L}$ der zugehörige Umfang und $\bar{l}$ die mittlere Kornsehnenlänge auf der Schnittgeraden.) Die letzte Formel in (9.6) bzw. (9.7) stimmt mit (5.7) für $d = 3$ und $k = 2$ bzw. $k = 1$ überein.

Alle hier angegebenen Formeln gelten für Keim-Korn-Modelle wie in 5.4, für die der mPP $\Psi_V = \{[x_n; \Xi_n]\}$ stationär ist und das typische Korn drehungsinvariant und konvex.

Wenn sich die Körner nicht überlappen, kann man mit Hilfe des Campbellschen Theorems zeigen, daß gilt

$$S_V = N_V\bar{S}, \qquad K_V = N_V\bar{K}, \qquad L_A = N_A\bar{L},$$

und die Formeln (9.2), (9.3) und (9.4) folgen leicht aus (9.6) und (9.7).

B e w e i s d e r F o r m e l (9.6). Das zum mPP Ψ_V gehörige dreidimensionale Keim-Korn-Modell wird mit der (x, y)-Ebene geschnitten. Es entsteht ein stationäres zweidimensionales Keim-Korn-Modell mit isotropen und konvexen Körnern Ξ'_n mit dem zugehörigen mPP Ψ_A, der ebenfalls stationär ist.

Es werden nun die mittleren Anzahlen $m_A(c_r)$ und $m_V(c_r)$ von Körnern zu Ψ_A und Ψ_V betrachtet, die den in der (x, y)-Ebene liegenden Kreis c_r mit dem Mittelpunkt o und dem Radius r schneiden. Offenbar gilt

$$m_A(c_r) = m_V(c_r), \qquad r \geqq 0.$$

Nach (5.11) erhält man

$$m_A(c_r) = N_A \mathsf{E} V(c_r \oplus \check{\Xi}_0') = N_A[\bar{F} + \bar{L}r + \pi r^2], \qquad r \geqq 0.$$

$$m_V(c_r) = N_V \mathsf{E} V(c_r \oplus \check{\Xi}_0) = N_V \left[\bar{V} + \frac{\pi}{4}\bar{S}r + \frac{1}{2}\bar{K}r^2\right], \qquad r \geqq 0,$$

wobei die Steinersche Formel (2.1) bzw. (2.2) benutzt wurde. Vergleich der Koeffizienten von r und r^2 liefert die zu beweisenden Formeln. Der Beweis im Fall des Schnittes mit einer Geraden ist analog (vgl. [98]).

Verfahren zur Ermittlung von N_V wurden in [17, 29, 74] vorgeschlagen. Dabei wird nicht nur ein ebener Schnitt betrachtet, sondern die zu untersuchende Struktur wird zweimal geschnitten, entweder in zwei dicht beieinander liegenden parallelen Ebenen oder in zwei einander keilförmig schneidenden Ebenen. Ferner gibt es mehr oder weniger heuristische Verfahren (vgl. z. B. [105, 108]).

9.4. *Stereologische Formeln für Kugelkollektive*

Im folgenden werden stationäre Keim-Korn-Modelle mit kugelförmigen Körnern („Kugelkollektive“) untersucht.

Aus ebenen Schnitten bestimmt man die mittlere Anzahl der Schnittkreise N_A je Flächeneinheit und die Verteilungsfunktion D_A der Schnittkreisdurchmesser, zu der stets eine Dichte existiert, die mit δ_A bezeichnet wird. Mit ihrer Hilfe ergeben sich N_V, der mittlere Kugeldurchmesser d_V und die Verteilungsfunktion D_V der Kugeldurchmesser zu

$$d_V = \frac{\pi}{2}\left[\int_0^\infty \frac{1}{r}\,\delta_A(r)\,\mathrm{d}r\right]^{-1}, \tag{9.8}$$

$$N_V = N_A/d_V, \tag{9.9}$$

$$D_V(r+0) = 1 - \frac{2d_V}{\pi}\int_r^\infty \frac{\delta_A(t)\,\mathrm{d}r}{\sqrt{t^2-r^2}}, \qquad r \geqq 0. \tag{9.10}$$

Umgekehrt gilt für die Verteilungsfunktion D_A bei gegebenem D_V

$$D_A(r) = 1 - \frac{1}{d_V}\int_0^\infty \left[1 - D_V\left(\sqrt{r^2+t^2}\right)\right]\mathrm{d}t, \qquad r \geqq 0. \tag{9.11}$$

Wenn eine Stichprobe $x_1, \ldots, x_n$ von Schnittkreisdurchmessern vorliegt, kann d_V gemäß

$$\hat{d}_V = \frac{\pi n}{2}\left[\sum_{i=1}^{n} \frac{1}{x_i}\right]^{-1}$$

geschätzt werden, und mit Hilfe von (9.9) kann aus N_A auch N_V bestimmt werden. (Diese Schätzer werden u. a. in [28] und [107] untersucht.) Leider ist (9.10) für die Berechnung von D_V nicht ohne weiteres geeignet, wenn D_A nur als empirische Verteilungsfunktion vorliegt. Längst nicht jede Verteilungsfunktion gehört nämlich zur Menge $\mathscr{D}$ aller möglichen Schnittkreisdurchmesserverteilungen. Man sollte die empirische Verteilungsfunktion durch Funktionen aus $\mathscr{D}$ approximieren und dann (9.10) — eventuell numerisch — lösen. Ein bewährtes Näherungsverfahren zur Bestimmung von D_V wird in [91] Kap. 7 und [108] beschrieben.

Wenn zu D_V eine Dichtefunktion δ_V existiert, so gilt

$$\delta_A(r) = \frac{r}{d_V} \int\limits_r^\infty \frac{\delta_V(x)\,\mathrm{d}x}{\sqrt{x^2 - r^2}}$$

und

$$\delta_V(r) = -\frac{2d_V r}{\pi} \int\limits_r^\infty \frac{1}{\sqrt{x^2 - r^2}} \frac{\mathrm{d}}{\mathrm{d}x} \left\{\frac{\delta_A(x)}{x}\right\} \mathrm{d}x, \qquad r \geqq 0. \quad (9.12)$$

Die Formel (9.12) ist zur numerischen Berechnung von δ_V benutzt worden (vgl. [43]). Wenn der Kugeldurchmesser eine Rayleigh-Verteilung ist,

$$\delta_V(r) = \frac{r}{a^2} \exp\left\{-\frac{r^2}{2a^2}\right\}, \; d_V = a\sqrt{\frac{\pi}{2}}, \qquad r \geqq 0,$$

so gilt

$$\delta_V(r) = \delta_A(r), \qquad r \geqq 0,$$

vgl. [89] für eine interessante Anwendung.

Für Kugeln mit dem konstanten Durchmesser d_V hat δ_A die Form

$$\delta_A(r) = r\Big/\left(d_V \sqrt{d_V{}^2 - r^2}\right), \qquad 0 \leqq r \leqq d_V,$$

d. h., es liegt eine recht beträchtliche Streuung der Schnittkreisdurchmesser vor.

B e w e i s d e r F o r m e l n (9.8) b i s (9.11) (vgl. [68]). Das Kugelkollektiv wird durch einen stationären mPP Ψ_V beschrieben,

$$\Psi_V = \{[x_n, y_n, z_n; d_n]\},$$

wobei (x_n, y_n, z_n) der Mittelpunkt und d_n der Durchmesser der n-ten Kugel sind. Das zugehörige Intensitätsmaß Λ_V hat die Form

$$\Lambda_V = N_V \nu_3 \times \boldsymbol{D}_V,$$

wobei $\boldsymbol{D}_V$ die Palmsche Markenverteilung, d. h. die Verteilung des Durchmessers einer typischen Kugel, ist. Es gilt

$$\boldsymbol{D}_V([0, r)) = D_V(r), \qquad r \geqq 0.$$

Die Kugeln von Ψ_V werden mit der (x, y)-Ebene geschnitten.

Für eine Kugel mit dem Mittelpunkt (x_n, y_n, z_n) und dem Durchmesser d_n lautet die Bedingung für einen Schnitt $4z_n^2 < d_n^2$, und der zugehörige Schnittkreisdurchmesser s_n ist gleich $s_n = \sqrt{d_n^2 - 4z_n^2}$.
Die Menge aller Schnittkreise wird durch den stationären mPP Ψ_A beschrieben,

$$\Psi_A = \{[x_m, y_m; s_m]\}.$$

Sein Intensitätsmaß Λ_A ist gleich

$$\Lambda_A = N_A \nu_2 \times \boldsymbol{D}_A.$$

Um Beziehungen zwischen N_V und $\boldsymbol{D}_V$ einerseits und N_A und $\boldsymbol{D}_A$ andererseits aufzustellen, wird $\Lambda_A(C)$ für die folgende Menge C auf zweierlei Arten berechnet,

$$C = [0, 1) \times [0, 1) \times [r, \infty), \qquad r > 0.$$

Die obige Formel für Λ_A liefert

$$\Lambda_A(C) = N_A \boldsymbol{D}_A([r, \infty)).$$

Da die Punkte von Ψ_A von solchen aus Ψ_V herrühren, die die (x, y)-Ebene schneiden, erhält man mit $w = \sqrt{\max\{0, d^2 - 4z^2\}}$

$$\begin{aligned}\Lambda_A(C) &= \mathsf{E} \sum_{[x,y,z;d] \in \Psi_V} \mathbf{1}_C(x, y, w)\\ &= \int_{\mathbb{R}^3 \times [0,\infty)} \mathbf{1}_C(x, y, w)\, \Lambda_V(\mathrm{d}(x, y, z; d))\\ &= N_V \int_0^\infty \boldsymbol{D}_V\left(\left[\sqrt{r^2 + t^2}, \infty\right)\right) \mathrm{d}t.\end{aligned}$$

Dabei wurden das Campbellsche Theorem und die Formel für Λ_V ausgenutzt. Es folgt

$$\mathrm{N}_A \boldsymbol{D}_A([r, \infty)) = N_V \int_0^\infty \boldsymbol{D}_V\left(\left[\sqrt{r^2 + t^2}, \infty\right)\right) \mathrm{d}t$$

oder

$$N_A[1 - D_A(r)] = N_V \int_0^\infty \left[1 - D_V\left(\sqrt{r^2 + t^2}\right)\right] \mathrm{d}t.$$

Mit $r = 0$ ergibt sich (9.9) und mit Hilfe dieser Formel (9.11).
Daß (9.11) die Lösung (9.10) hat, kann mit Mitteln der Integralrechnung gezeigt werden. Aus (9.10) folgt schließlich auch (9.8), wenn man $r = 0$ setzt.

Im Fall von Kugeln mit unabhängigen Durchmessern kann man für den PP der Kugelmitten etwas mehr angeben als nur die Intensität N_V. Dieser Prozeß sei isotrop, seine Produktdichte $\varrho_V^{(2)}$ möge existieren. Dann existiert die entsprechende Produktdichte $\varrho_A^{(2)}$ für den PP der Schnittkreismitten, und es gilt (vgl. [39])

$$\varrho_A^{(2)}(r) = \int_{-\infty}^{\infty}\int_{-\infty}^{\infty} [1 - D_V(|2u|)]\,[1 - D_V(|2t|)\,\varrho_V^{(2)} \times\left(\sqrt{r^2 + (t-u)^2}\right) \mathrm{d}t\,\mathrm{d}u \tag{9.13}$$

und für kleines d_V und großes r näherungsweise

$$\varrho_V^{(2)}(r) = \varrho_A^{(2)}(r)/d_V^2, \qquad r \geqq 0.$$

Im Fall gleichgroßer Kugeln (Durchmesser $= d_V$) lautet die Integralgleichung für $\varrho_V^{(2)}$

$$\varrho_A^{(2)}(r) = 2\int_0^{d_V} (d_V - x)\,\varrho_V^{(2)}\left(\sqrt{r^2 + x^2}\right) \mathrm{d}x,\ r \geq 0.$$

Ihre (numerische) Auflösung ist nicht unproblematisch.
Diese Formel ist für den Poisson-Prozeß exakt.

Jetzt werden lineare Schnitte durch Kugelkollektive behandelt, wobei für die Sehnen auf einer Schnittgeraden die Verteilungs- und Dichtefunktion D_L und δ_L benutzt werden.

Hier gelten folgende Formeln, die ähnlich wie für den ebenen Schnitt hergeleitet werden.

$$N_V = \frac{4}{\pi}\,\frac{1}{d_V^{(2)}}\,N_L;\ N_L = \text{Anzahl der Sehnen pro Längeneinheit,} \tag{9.14}$$

$$D_V(r) = 1 - \frac{d_V^{(2)}}{2}\,\frac{\delta_L(r)}{r}, \tag{9.15}$$

$$D_L(r) = \frac{2}{d_V^{(2)}}\int_0^r x[1 - D_V(x)]\,\mathrm{d}x, \qquad r \geqq 0. \tag{9.16}$$

Dabei ist

$$d_V^{(2)} = \int_0^{\infty} r^2\,\mathrm{d}D_V(r)\ (= d_V^2 + \sigma^2;\ \sigma^2 = \text{Streuung der Kugelradien}).$$

Beispiel. 1) Kugeln mit konstantem Durchmesser:

$$\delta_L(r) = 2r/d_r^2, \qquad 0 \leqq r \leqq d_V,$$

$$d_L = \frac{2}{3}\,d_V \qquad (d_L = \text{mittlere Sehnenlänge}).$$

2) Exponentialverteilte Durchmesser:

$\delta_V(r) = \mu \exp(-\mu r)$, $\delta_L(r) = \mu^2 r \exp(-\mu r)$, $d_L = 2/\mu = 2d_V$, $\quad r \geqq 0$.

Aus (9.15) folgt $d_V^{(2)} = 2 \lim\limits_{r \to 0} \dfrac{r}{\delta_L(r)}$.

Eine Dichtefunktion f ist also nur dann eine Sehnenlängendichte, wenn

$$0 < \lim_{r \to 0} \frac{f(r)}{r} = f'(0) < \infty. \tag{9.17}$$

Unter allen Gammaverteilungsdichten,

$$f(r) = \mu^\alpha r^{\alpha-1} \exp(-\mu r)/\Gamma(\alpha), \qquad r \geqq 0,$$

ist nur im Fall $\alpha = 2$ die Bedingung (9.17) erfüllt. Wie das obige Beispiel 2 zeigt, gehört zur Dichte mit $\alpha = 2$ die Exponentialverteilung als Kugeldurchmesserverteilung.

Zur Schätzung von D_V, d_V und N_V benutzt man das Verfahren von BOCKSTIEGEL [103]. Anstelle von δ_V und δ_L werden die folgenden „Intensitäten" betrachtet,

$$N_V(r) = N_V \delta_V(r), \qquad N_L(r) = N_L \delta_L(r).$$

$N_V(r)\,\mathrm{d}r$ bezeichnet die mittlere Anzahl von Kugeln mit einem Durchmesser zwischen r und $r + \mathrm{d}r$ je Volumeneinheit, $N_L(r)\,\mathrm{d}r$ die mittlere Anzahl der Sehnen mit einer Länge zwischen r und $r + \mathrm{d}r$ je Längeneinheit.

Für diese Größen gilt nämlich

$$N_V(r) = -\frac{2}{\pi} \frac{\mathrm{d}}{\mathrm{d}r} \left\{ \frac{N_L(r)}{r} \right\}, \qquad r \geqq 0,$$

die unbekannte Größe $d_V^{(2)}$ ist verschwunden.

Ausgehend von Messungen mögen Sehnenlängen vorliegen. Es sei n_i die Anzahl der Sehnen pro Längeneinheit mit einer Länge in $[l_i, l_{i+1})$, wobei die l_i zu einer Klasseneinteilung der Sehnenlängen gehören, $i = 1, 2, \ldots$. Die Zahl n_i ist ein Schätzwert für

$$\int_{l_{i-1}}^{l_i} N_L(x)\,\mathrm{d}x = \frac{\pi}{2} \int_{l_{i-1}}^{l_i} \left[x \int_x^\infty N_V(u)\,\mathrm{d}u \right] \mathrm{d}x$$

$$= \frac{\pi}{4} (l_i^2 - l_{i-1}^2) \int_\xi^\infty N_V(u)\,\mathrm{d}u, \qquad l_{i-1} \leqq \xi \leqq l_i,$$

wobei ein Mittelwertsatz der Integralrechnung benutzt wurde. Analog ist n_{i+1} ein Schätzwert für

$$\frac{\pi}{4}(l_{i+1}^2 - l_i^2)\int_\eta^\infty N_V(u)\,du, \qquad l_i \leqq \eta \leqq l_{i+1}.$$

Es liegt also nahe zu setzen

$$\int_\xi^\eta N_V(u)\,du = \frac{4}{\pi}\left[\frac{n_i}{l_i^2 - l_{i-1}^2} - \frac{n_{i+1}}{l_{i+1}^2 - l_i^2}\right] \approx N_{i+1/2},$$

wobei $N_{i+1/2}$ die mittlere Anzahl von Kugelmitten mit Durchmessern zwischen $l_{i-1} + \frac{1}{2}(l_i - l_{i-1})$ und $l_i + \frac{1}{2}(l_{i+1} - l_i)$ pro Volumeneinheit ist. Die Intensität N_V ergibt sich aus

$$N_V = \sum_{(i)} N_{i+1/2},$$

und $d_V^{(2)}$ mittels (9.14), und ein Histogramm zu δ_V kann schließlich aus den Werten $N_{i+1/2}/N_V$ konstruiert werden.

Nach den vorliegenden praktischen Erfahrungen treten bei diesem Verfahren auch bei großen Stichproben recht große Fehler insbesondere für kleine Durchmesser auf. Wahrscheinlich sind parametrische Methoden günstiger, bei denen man von einer angenommenen Kugeldurchmesserverteilung mit einigen unbekannten Parametern ausgeht. Eine weitere Möglichkeit, N_V zu schätzen, besteht, wenn bekannt ist, daß die Kugeldurchmesser einen unteren Grenzwert $d_0 > 0$ nicht unterschreiten. Nach (9.16) gilt dann

$$D_L(d_0) = \frac{2}{d_V^{(2)}}\frac{d_0^2}{2} = \frac{d_0^2}{d_V^{(2)}},$$

also ist zu setzen

$$N_V = 2n_0 N_L/\pi d_0^2,$$

wobei n_0 der Anteil der gemessenen Sehnen mit einer Länge kleiner als d_0 ist.

Beispielsweise bei der Untersuchung von biologischen Geweben sind oft *dünne Schnitte* zu betrachten. Wie auf Abb. 12 skizziert,

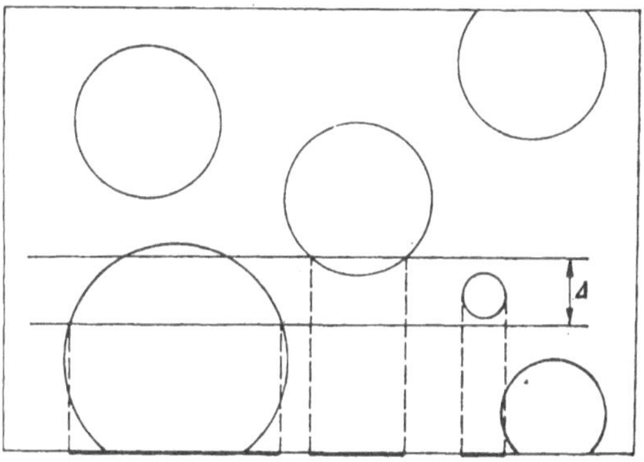

Abb. 12. Schematisierter dünner Schnitt durch ein Kollektiv undurchsichtiger Kugeln in einem durchsichtigen Medium (Schnittdicke Δ). Die fett gezeichneten Linien entsprechen den beobachtbaren Schnittkreisen bzw. -kugeln.

werden zwei parallele ebene Schnitte mit dem Abstand Δ durch eine Struktur gelegt, die aus undurchsichtigen Kugeln in einem durchsichtigen Medium bestehen möge. Beobachtbar sind die kreisförmigen Projektionen der Kugelteile zwischen den Ebenen senkrecht auf eine Bildebene parallel zu den Schnittebenen. Auf ähnliche Art und Weise wie für eine Schnittebene erhält man die folgenden Formeln für N_V und D_V (vgl. [5, 68]).

$$N_V = N_A/(d_V + \Delta),$$

$$D_V(r) =$$

$$= 1 - \frac{\Delta[1 - D_A(r)] - 2\int\limits_r^\infty p\left(\frac{\sqrt{2\pi}}{\Delta}\sqrt{t^2 - r^2}\right)[1 - D_A(t)]\frac{t\,\mathrm{d}t}{\sqrt{t^2 - r^2}}}{\Delta - 2\int\limits_0^\infty p\left(\frac{\sqrt{2\pi}}{\Delta}\,t\right)[1 - D_A(t)]\,\mathrm{d}t},$$

$r \geqq 0,$

mit

$$p(x) = 1 - x\exp(x^2/2)\int\limits_x^\infty \exp(-t^2/2)\,\mathrm{d}t, \qquad x \geqq 0.$$

Auch der Fall durchsichtiger Kugeln in einem undurchsichtigen Medium wurde studiert (vgl. [68]) und in [42] werden schließlich Modelle studiert, bei denen Meßfehler berücksichtigt werden, die durch Präparation oder begrenztes Auflösungsvermögen optischer Instrumente entstehen.

9.5. Einige weitere Probleme und Ergebnisse der Stereologie

Umfangreiche Untersuchungen der Stereologie sind Keim-Korn-Modellen mit nicht kugelförmigen Körnern gewidmet. U. a. in [12, 92] und [108] findet man diesbezüglich sehr allgemeine Ansätze. Verschiedene Autoren betrachten den Spezialfall von Ellipsoiden (vgl. z. B. [4, 15]). Die Formeln sind recht kompliziert, ohne rechentechnische Hilfsmittel ist eine Lösung kaum möglich. Für annähernd kugelförmige Körner wird empfohlen, die ,,Kugelapproximation“ zu benutzen, also die Schnittflächen durch Kreise zu approximieren und mit den Formeln (9.8) und (9.10) zu arbeiten in der Hoffnung, daß die berechneten Kugelradienverteilungen gewisse Aussagen über die Größe der Körner ermöglichen.

Bei komplizierteren Kornformen ist es schwierig, Aussagen über die Schnittfiguren zu machen. Hier kann man — wie in der Wahrscheinlichkeitsrechnung in ähnlichen Situationen üblich — die *Monte-Carlo-Methode* (*Simulation*) benutzen. Eine Möglichkeit ihrer Anwendung besteht darin, mit Hilfe von Zufallszahlen Realisierungen des zu untersuchenden Keim-Korn-Modells zu erzeugen und diese dann mit Ebenen oder Geraden zu schneiden und alle sich ergebenden Schnittfiguren statistisch auszuwerten. Üblicher — und wahrscheinlich ökonomischer — ist es aber, einzelne Körner zu betrachten und diese mit geeigneten zufälligen Geraden oder Ebenen zu schneiden, was dieselben Ergebnisse liefert. Im Fall stationärer Keim-Korn-Modelle mit isotropen Körnern simuliert man den Poissonschen Geraden- oder Ebenenprozeß. Das Verfahren ist im Fall eines ebenen Modells und schneidender Geraden wie folgt, wenn für das typische Korn Ξ_0 mit Wahrscheinlichkeit Eins gilt $\Xi_0 \subset b(o, r)$, $r < \infty$.

1. Schritt: Erzeuge eine Realisierung ξ_0 des typischen Korns;
2. Schritt: Erzeuge zwei unabhängige Zufallszahlen $\dot{q}$ und $\dot{\alpha}$, wobei $\dot{q}$ auf $[-r, r]$ gleichmäßig verteilt ist und $\dot{\alpha}$ nach $\dot{\alpha} = \arccos(1 - 2z)$ aus einer auf [0, 1] gleichmäßig verteilten Zufallszahl z berechnet wird;

3. Schritt: Konstruiere die Gerade g mit den Parametern $\dot{q}$ und $\dot{\alpha}$ (vgl. 7.2);

4. Schritt: Untersuche (konstruiere, berechne) die Schnittmenge — sofern nicht leer — und bestimme die gewünschten Größen (z. B. Sehnenlängen, Anzahl der Komponenten, wenn ξ_0 nicht konvex ist). Wenn $\xi_0 \cap g = \emptyset$, so liefert das Paar $(\dot{q}, \dot{\alpha})$ keine Daten.

(Durch die Konstruktion von $\dot{\alpha}$ im Schritt 2 erreicht man, daß die Geraden die im isotropen Fall gültige Richtungsverteilung haben; die Dichte des Schnittwinkels α mit der x-Achse ist dann nämlich gleich $\frac{1}{2}\sin\alpha$ und die zugehörige Verteilungsfunktion $R_L(\alpha) = \frac{1}{2}(1 - \cos\alpha)$ (vgl. (7.12)). Dieses Verfahren wird genügend oft wiederholt, und die entstehende Stichprobe wird dann nach den bekannten Verfahren der Statistik ausgewertet.

Im Fall ebener Schnitte geht man ganz analog vor (vgl. [73, 104]).

Für den zufälligen ebenen Schnitt räumlicher Polyeder wurden auf diese Art und Weise die Wahrscheinlichkeiten p_n dafür ermittelt, daß die Schnittfigur n Ecken hat (vgl. z. B. [104]). Mit Hilfe einer in [2, 106] entwickelten Theorie kann man die p_n auch exakt berechnen (vgl. die Werte in Tabelle 4).

In vielen Arbeiten werden dünne Schnitte durch ZAM studiert, (vgl. u. a. [12, 93, 105, 108]). Hier scheinen Aussagen ohne weitgehende Form- oder Modellannahmen kaum möglich zu sein. Für

Tabelle 4
Wahrscheinlichkeiten für Eckenanzahlen im ebenen Schnitt.

Polyeder	P_3	P_4	P_5	P_6
reguläres Tetraeder	0,711	0,289	—	—
Tetraeder mit Höhe : Seite = 2 : 1	0,773	0,226	—	—
Würfel	0,280	0,486	0,187	0,047
Würfel (aus 1000 simulierten Schnitten, vgl. [104])	0,288	0,475	0,187	0,050
reguläres Oktaeder	—	0,448	—	0,552
Oktaeder mit Höhe : Seite = 2 : 1	—	0,469	—	0,531

das Boolesche Modell mit konvexen Primärkörnern werden u. a. in [22] und [72], vgl. auch [93] und [108], Formeln angegeben. Bei ihrem Beweis wurde ausgenutzt, daß der zwischen zwei parallelen Ebenen liegende Teil eines Booleschen Modells mit konvexen Körnern, projiziert auf eine der Ebenen, wieder ein solches Boolesches Modell ist. Der Flächenanteil $A_A(\Delta)$ der Projektion erfüllt

$$A_A(\Delta) = 1 - \exp\left\{-\lambda\left(\bar{V} + \frac{1}{4}\Delta\bar{S}\right)\right\}, \qquad \Delta \geqq 0,$$

Δ = Abstand der Schnittebenen.
Man kann V_V, S_V usw. bestimmen, wenn entweder gewisse Parameter des Booleschen Modells bekannt sind (z. B. λ, $\bar{V}$ oder $\bar{S}$) oder indem zwei Messungen mit verschiedenen Δ-Werten ausgewertet werden (vgl. [72] und [108]).
Eine gute Nähreungsformel für V_v ist

$$V_V = A_A(\Delta) - \Delta L_A(\Delta)/\pi,$$

wobei $L_A(\Delta)$ die spezifische Randlinienlänge der Projektion bezeichnet.

Schließlich sei erwähnt, daß stereologische Formeln nicht nur für den $\mathbb{R}^3$ (oder den $\mathbb{R}^2$) angegeben werden können, sondern allgemein für den $\mathbb{R}^d$ und auch für nichteuklidische Räume (vgl. [65, 109]). Ein wichtiges Beispiel ist die Kugeloberfläche $\partial b(o, 1)$. Die Intensität L_A eines drehungsinvarianten Faserprozesses auf der Kugeloberfläche des $\mathbb{R}^3$ (= mittlere Länge der Fasern pro Flächeneinheit) kann durch Zählen der Schnittpunkte auf einem Großkreisbogen b bestimmt werden:

$$L_A = \frac{\pi}{2\beta} \times \{\text{mittlere Anzahl der Schnittpunkte auf } b\} \text{ (vgl. [109]).}$$

Hier bezeichnet β den zu b gehörigen Sektorwinkel. (Beachte die Analogie zu (7.7). „Im Kleinen" sind die Verhältnisse auf der Kugeloberfläche und in der Ebene gleich.) Ähnlich wie in 9.4. können auch zufällig auf $\partial b(o, 1)$ verteilte Kreise (= „Kugelkappen") und Schnitte mit Großkreisbögen betrachtet werden.

Literaturverzeichnis

[1] ALEXANDROFF, P. S., Einführung in die Mengenlehre und die Theorie der reellen Funktionen. VEB Deutscher Verlag d. Wissensch., Berlin 1956.

[2] AMBARZUMJAN, R. V., The solution to the Buffon-Sylvester problem in $\mathbb{R}^3$. Z. Wahrscheinlichkeitsth. verw. Geb. **27** (1973), 53–74.

[3] AMBARZUMJAN, R. V., Combinatorial integral geometry. J. Wiley & Sons, Chichester 1982.

[4] BACH, G., Zufallsschnitte durch ein Laufwerk von Rotationsellipsoiden mit konstantem Achsenverhältnis. Z. angew. Math. Phys. **16** (1965), 224–232.

[5] BACH, G., Über die Auswertung von Schnittflächenverteilungen. Biom. J. **18** (1976), 407–412.

[6] BADDELEY, A., A fourth note on recent research in geometrical probability. Adv. Appl. Prob. **9** (1977), 824–860.

[7] BADDELEY, A., A limit theorem for statistics of spatial data. Adv. Appl. Prob. **12** (1980), 441–461.

[8] BLASCHKE, W., Vorlesungen über Integralgeometrie. VEB Deutscher Verlag d. Wissensch., Berlin 1955.

[9] BREHMER, S., Einführung in die Maßtheorie. Akademie-Verlag, Berlin 1975.

[10] BRILLINGER, D. R., Comparative aspects of the study of ordinary time series and of point processes. In: Developments in Statistics I. Academic Press, New York 1978, 33–133.

[11] CARGILL, G. S. III, Structure of metallic alloy glasses. In: Solid state physics, Vol. 30, Academic Press, New York 1975, 227–320.

[12] COLEMAN, R., An introduction to mathematical stereology. Memoirs, 3. Universität Aarhus, Inst. f. Mathem., Dept. Theoret. Statist., Aarhus 1979.

[13] COWAN, R., Properties of ergodic random mosaic process. Math. Nachr. **97** (1980), 89–102.

[14] COX, D. R., ISHAM, V., Point processes. Chapman and Hall, London/New York 1980.

[15] CRUZ-ORIVE, L.-M., Particle size-shape distributions: The general sphereoid problem I, II. J. Micros. **107** (1976), 235–253, **112** (1978), 153–167.

[16] CRUZ-ORIVE, L.-M., Best linear unbiased estimators for stereology. Biometrics **36** (1980), 595–605.

[17] CRUZ-ORIVE, L.-M., On the estimation of particle number. J. Micros. **120** (1980), 15–27.

[18] CRUZ-ORIVE, L.-M., MYKING, A. O., Stereological estimation of volume ratios by systematic sections. J. Micros. **122** (1981), 143 to 157.

[19] DALEY, D. J., MILNE, R. K., The theory of point processes: a bibliography. Rev. I. S. I. **41** (1973), 183–201.

[20] DAVIDSON, R., Stochastic flats and exchangeability. In [41], 13 to 45.

[21] DAVIDSON, R., Construction of line-processes. Second-order properties. In [41], 55–75.

[22] DAVY, P., Projected thick sections through multidimensional particle aggregates. J. Appl. Prob. **13** (1976), 714–722, Korrektur: J. Appl. Prob. **15** (1978), 456.

[23] DAVY, P., Stereology – a statistical viewpoint. Dissertation Austr. Nat. Univ., Canberra 1978.

[24] DIGGLE, P. J., On parameter estimation and goodness-of-fit testing for spatial point patterns. Biometrics **35** (1979), 87–101.

[25] DIGGLE, J. P., BESAG, J., GLEAVES, J. T., Statistical analysis of spatial point patterns by means of distance methods. Biometrics **32** (1976), 659–667.

[26] FELLOUS, A., GRANARA, J., Statistique des processus de Poisson stationnaires de sous-varictes lineares affines. Adv. Appl. Prob. **13** (1981), 84–92.

[27] FINNEY, J. L., A procedure for the construction of Voronoi polyhedra. J. Comput. Physics **32** (1979), 137–143.

[28] FRANKLIN, J. N., Confidence intervals for stereological estimators with infinite variance. SIAM J. Appl. Math. **40** (1981), 179–190.

[29] GIGER, H., Ermittlung der mittleren Maßzahlen von Partikeln eines Körpersystems durch Messungen auf dem Rand eines Schnittbereiches. Z. angew. Math. Phys. **18** (1967), 883–888.

[30] GLATTER, O., The interpretation of real-space information from small-angle scattering experiments. J. Appl. Cryst. **12** (1979), 166 to 175.

[31] GRANDELL, J., Doubly stochastic Poisson processes. Lect. Notes in Math. **529**, Springer-Verlag, Berlin, Heidelberg, New York 1976.

[32] GRECO, A., JEULIN, D., SERRA, J.-P., The use of the texture analyser to study sinter structures .... J. Micros. **116** (1979), 199–211.

[33] GUNDERSEN, H. J. G., Stereology – or how figures for spatial shape and content are obtained by observation of structures in sections. Micros. Acta **83** (1980), 409–426.

[34] HADWIGER, H., Vorlesungen über Inhalt, Oberfläche und Isoperimetrie. Springer-Verlag, Berlin, Göttingen, Heidelberg 1957.

[35] HADWIGER, H., GIGER, H., Über Treffzahlwahrscheinlichkeiten im Eikörperfeld. Z. Wahrscheinlichkeitsth. verw. Geb. **10** (1968), 329 bis 334.

[36] Halmos, P. R., Measure theory. Springer-Verlag, New York, Heidelberg, Berlin 1974.

[37] Hanisch, K.-H., On classes of random sets and point process models. Serdica 7 (1981), 160—166.

[38] Hanisch, K.-H., Reduction of n-th moment measures and the special case of stationary and isotropic planar point processes. Math. Operationsf. Statist., Ser. Statistics **14** (1983).

[39] Hanisch, K.-H., Stoyan, D., Stereological estimation of the radial distribution of centres of spheres. J. Micros. **122** (1981), 131—141.

[40] Hanisch, K.-H., Stoyan, D., Remarks on statistical inference and prediction for a hard-core clustering model. Math. Operationsf. Statist., Ser. Statistics **14** (1983).

[41] Harding, E. F., Kendall, D. G. (Hrsg.), Stochastic geometry. J. Wiley & Sons, London, New York, Sydney, Toronto 1974.

[42] Horalek, V., On evaluating exposures containing both extracted and sectioned particles. Mikroskopie (Wien) **37** (Suppl.) (1980), 90—93.

[43] Jakeman, A. J., Anderssen, R. S., Abel type integral equations in stereology I, II. J. Micros. **105** (1975), 121—133, 135—153.

[44] Kallenberg, O., Random measures. Akademie-Verlag, Berlin 1983.

[45] Kallenberg, O., A counterexample to R. Davidson's conjecture on line processes. Math. Proc. Camb. Phil. Soc. **82** (1977), 301—307.

[46] Kendall, D. G., Foundations of a theory of random sets. In: [41], 322—376.

[47] Kendall, M. G., Moran, P. A. P., Geometrical probabilities. Griffin and Co., London 1963.

[48] Kerstan, J., Matthes, K., Mecke, J., Unbegrenzt teilbare Punktprozesse. Akademie-Verlag, Berlin 1974.

[49] Kingman, J. F. C., Completely random measures. Pacific J. Math. **21** (1967), 59—78.

[50] König, D., Matthes, K., Nawrotzki, K., Verallgemeinerungen der Erlangschen und Engsetschen Formeln. Akademie-Verlag, Berlin 1967.

[51] Krickeberg, K., Statistical problems on point processes. In: Mathematical Statistics, Banach Centre Publ. 6, PWN Warschau 1980, 197—223.

[52] Kryscio, R. J., Saunders, R., Funk, G. M., Poisson limits for a hard-core clustering models. Stoch. Proc. Appl. **12** (1982), 97—106.

[53] Leichtweiss, K., Konvexe Mengen. VEB Deutscher Verlag d. Wissensch., Berlin 1980.

[54] Lipskij, J. N. u. a., Липский, Ю. Н. и др., Каталог кратеров Марса и статистика кратеров Марса, Меркурия и Луны. АН СССР, Геол. Инст., Москва 1977.

[55] Matern, B., Spatial variation. Meddelanden från Statens Skogsforskningsinstitut **49**, (1960) 5, 1—144.

[56] MATHERON, G., Random sets and integral geometry. J. Wiley & Sons, New York, London, Sydney, Toronto 1975.

[57] MEAD, R., A test for patial pattern at several scales using data from a grid of contiguous quadrats. Biometrics **30**, (1974), 295–307.

[58] MECKE, J., Stationäre zufällige Maße auf lokalkompakten Abelschen Gruppen. Z. Wahrscheinlichkeitsth. verw. Geb. **9** (1967), 36–58.

[59] MECKE, J., Eine charakteristische Eigenschaft des doppelt stochastischen Poissonschen Prozesses. Z. Wahrscheinlichkeitsth. verw. Geb. **11** (1968), 74–81.

[60] MECKE, J., Zufällige Maße auf lokalkompakten Hausdorffschen Räumen. Beiträge zur Analysis **3** (1972), 7–30.

[61] MECKE, J., Momentenmaße zufälliger Maße. Unveröff. Manuskr., Jena 1976.

[62] MECKE, J., An explicit description of Kallenberg's lattice type point process. Math. Nachr. **89** (1979), 185–195.

[63] MECKE, J., Palm methods for stationary random mosaics. In: Комбинаторные принципы в стохастической геометрии. Изд. АН. Арм. ССР, Ереван. 1980, 124–132.

[64] MECKE, J., Formulas for stationary planar fibre processes III — intersections with fibre systems. Math. Operationsf. Statist., Ser. Statistics **12** (1981), 201–210.

[65] MECKE, J., Stereological formulas for manifold processes. Prob. and Math. Statist. **2** (1981), 31–35.

[66] MECKE, J., NAGEL, W., Stationäre räumliche Faserprozesse und ihre Schnittzahlrosen. Elektron. Inf.-Verarb. Kyb. **16** (1980), 475 bis 483.

[67] MECKE, J., STOYAN, D., Formulas for stationary planar fibre processes I — general theory. Math. Operationsf. Statist., Ser. Statistics **12** (1980), 267–279.

[68] MECKE, J., STOYAN, D., Stereological problems for spherical particles. Math. Nachr. **96** (1980), 311–317.

[69] MILES, R. E., Random polygons determined by random lines in a plane I, II. Proc. Nat. Acad. Sci. USA **52** (1964), 901–907, 1157 to 1160.

[70] MILES, R. E., On the homogeneous planar Poisson point process. Math. Biosciences **6** (1970), 85–127.

[71] MILES, R. E., The various aggregates of random polygons determined by random lines in a plane. Adv. in Math. **10** (1973), 256 to 290.

[72] MILES, R. E., Estimating aggregate and overall characteristics from thick sections by transmission microscopy, J. Micros. **107** (1976), 227–234.

[73] MILES, R. E., The importance of proper model specification in stereology. In: Geometrical probability and biological structures: Buffon's 200th anniversary. Lect. Notes Biomathem. **25**, Springer-Verlag, Berlin, Heidelberg, New York 1978, 115–136.

[74] MILES, R. E., DAVY, P., Particle number or density can be stereologically estimated by wedge sections. J. Micros. 113, (1977), 45 to 51.

[75] MORAN, P. A. P., Another non Poisson planar point process. Z. Wahrscheinlichkeitsth. verw. Geb. 33 (1975), 269–272.

[76] NGUYEN, X. X., ZESSIN, H., Ergodic theorems for spatial processes. Z. Wahrscheinlichkeitsth. verw. Geb. 48 (1979), 133–158.

[77] NICHOLSON, W. L., Application of statistical methods in quantitative microscopy. J. Micros. 113 (1978), 223–239.

[78] OHSER, J., On statistical analysis of the Boolean model. Elektron. Inf.-Verarb. Kyb. 16 (1980), 651–653.

[79] OHSER, J., On estimators for the reduced second moment measure of point processes. Math. Operationsf. Statist., Ser. Statistics 14 (1983), 63–71.

[80] OHSER, J., STOYAN, D., Zur Beschreibung gewisser zufälliger Muster in der Geologie. Z. angew. Geologie 26 (1980), 209–212.

[81] OHSER, J., STOYAN, D., On the second-order and orientation analysis of planar stationary point processes. Biom. J. 23 (1981), 523–533.

[82] OHSER, J., STOYAN, D., Correlations between planar random structures (with an ecological example). Biom. J. 24 (1982), 631–647.

[83] PATIL, S. A., BERNHAM, K. P., KORVER, J. L., Nonparametric estimation of plant density by the distance method. Biometrics 35 (1979), 597–604.

[84] PIEFKE, F., Schnitte von zufälligen Geraden durch endliche Punktmengen in der Ebene. Stud. Sci. Math. Hung. 11 (1976), 301–311.

[85] POHLMANN, S., MECKE, J., STOYAN, D., Stereological formulas for stationary surface processes. Math. Operationsforsch. Statist., Ser. Statistics 12 (1981), 429–440.

[86] RADECKE, W., Some mean value relations on stationary random mosaics in the space. Math. Nachr. 97 (1980), 203–210.

[87] RIPLEY, B. D., The second-order analysis of stationary point processes. J. Appl. Prob. 13 (1976), 255–266.

[88] RIPLEY, B. D., Spatial statistics. J. Wiley & Sons, New York, Chichester, Brisbane, Toronto 1981.

[89] RYSZ, J., WIENCEK, K., Stereology of spherical carbide particles in steels. Arch. Nauki o Materialach 1 (1980), 151–168.

[90] SACHS, L., Angewandte Statistik. Springer-Verlag, Berlin, Heidelberg, New York 1974.

[91] SALTYKOW, S. A., Stereometrische Metallographie. Deutscher Verlag f. Grundstoffindustrie, Leipzig 1974.

[92] SANTALÓ, L. A., Integral geometry and geometric probability. Addison-Wesley, Reading, Mass. 1976.

[93] SERRA, J.-P., Image analysis and mathematical morphology. Academic Press, London 1982.

[94] SNYDER, D. L., Random point processes. J. Wiley & Sons, New York, London, Sydney, Toronto 1975.

[95] Sonntag, U., Stoyan, D., Hermann, H., Random set models in the interpretation of small-angle scattering data. phys. sol. stat. (a) **68** (1981), 281–288.
[96] Stoyan, D., On the accuracy of lineal analysis. Biom. J. **21** (1979), 439–449.
[97] Stoyan, D., On some qualitative properties of the Boolean model of stochastic geometry. Z. angew. Math. Mech. **59** (1979), 447–454.
[98] Stoyan, D., Proof of some fundamental formulas of stereology for non-Poisson grain models. Math. Operationsf. Statist., Ser. Optimization **10** (1979), 573–581.
[99] Stoyan, D., On the second-order analysis of stationary planar fibre processes. Math. Nachr. **102** (1981), 189–199.
[100] Stoyan, D., Stereological formulae for size distributions through marked point processes. Prob. and Mat. Statist. **2** (1982).
[101] Stoyan, D., Steyer, H.-L., Zur Genauigkeit der Linearanalyse. Neue Hütte **24** (1979), 303–307.
[102] Streit, F. Optimality properties of statistical tests for Poisson point processes. Adv. Appl. Prob. **10** (1978), 330–331.
[103] Tschernjawskij, K. S., Чернявский, К. С., Стереология в металловедении. Металлургия, Москва 1977.
[104] Voss, K. Zur numerischen Auswertung von Schnittflächenverteilungen, Biom. J. **20** (1978), 425–434.
[105] Voss, K. Exakte stereologische Formeln und Näherungslösungen für konvexe Körper. Elektron. Inf.-Verarb.Kyb. **16** (1980), 485 bis 491.
[106] Voss, K., Frequencies of n-polygons in planar sections of polyhedra. J. Micros. **128** (1982), 111–120.
[107] Watson, G. S., Estimating functionals of particle size distributions. Biometrika **58** (1971), 483–490.
[108] Weibel, E., Stereological methods 1, 2. Academic Press, London, 1980, 1981.
[109] Zähle, M., Random processes of Hausdorff rectifiable sets. Math. Nachr. **108** (1982), 49–72.
[110] Zielinski, R., Erzeugung von Zufallszahlen. Fachbuchverlag, Leipzig 1978.
[111] Mecke, J., Parametric representation of mean values for stationary random mosaices. Math. Operationsf. Statist., Ser. Statistics (im Druck).

Symbolverzeichnis

$\bar{b}$	mittlere Breite
$b(x, r)$	Kugel, Kreis mit Mittelpunkt x und Radius r
$\mathfrak{B}^d$	Borelsche σ-Algebra des $\mathbb{R}^d$
$\mathfrak{B}_0{}^d$	System der beschränkten Borel-Mengen des $\mathbb{R}^d$
C	Kovarianz
F	Flächeninhalt (ebener Mengen)
G, G_Φ	erzeugendes Funktional
H_B, H_l, H_s	Schnittverteilung
k	Kovarianzfunktion
$K, \mathfrak{K}$	2. reduziertes Momentenmaß
l, L, L_A	Länge, Umfang, spezifische (Rand)Länge
L_P, L_Ψ	Laplace-Funktional
λ, Λ	Intensität, Intensitätsmaß
$\mu^{(n)}$	Momentenmaß
N_A, N_L, N_V	Anzahl je Längen-, Flächen-, Volumeneinheit
ν_d	Lebesgue-Maß des $\mathbb{R}^d$ ($\nu = \nu_1$)
o	Ursprung
ω_d	Volumen der Einheitskugel im $\mathbb{R}^d$
p	Volumenanteil
P_L	Schnittpunktanzahl je Längeneinheit
$\mathbb{R}^d$	d-dimensionaler Euklidischer Raum
ϱ	Euklidischer Abstand, Parameter von Poissonschen Geraden- bzw. Ebenenprozessen
$\varrho^{(n)}$	Produktdichte
$s(x, y)$	Segment
$S, \bar{S}$	Oberflächeninhalt, mittlerer Oberflächeninhalt
S_V	spezifische Oberfläche (Grenzflächeninhalt)
$S_V{}^{(d)}$	spezifischer Randinhalt
$\mathfrak{U}, \mathfrak{V}$	Funktionenmenge, vgl. S. 45
$V, \bar{V}$	Volumen, mittleres Volumen
V	Varianz
W_k	Quermaßintegral, Minkowski-Funktional
$\mathbf{1}_A$	charakteristische Funktion der Menge A
$\check{A}, A^c$	gespiegelte Menge A, Komplement von A
$\bar{A}, \partial A$	abgeschlossene Hülle bzw. Rand von A
A_x	$= A + x =$ um x verschobene Menge A
$\oplus$ bzw. $\ominus$	Minkowski-Addition bzw. -Subtraktion

Sachwortverzeichnis

Berichtigungen

Seite 68, 6. Z. v. o. lies:

$$\gamma(r) = \int_{r/2}^{\infty} \frac{4}{3} \pi x^3 \left(1 - \frac{3r}{4x} + \frac{r^3}{16x^3}\right) \mathrm{d}F_R(x), \qquad r \geqq 0.$$

Seite 71, 6. Z. v. u. lies:

$$\cdots \left\{ \int_{r/2}^{\infty} \lambda \frac{4}{3} \pi x^3 \left(1 - \frac{3r}{4x} + \frac{r^3}{16x^3}\right) \mathrm{d}F_R(x) \right\},$$

Seite 71, 2. Z. v. u. lies:

$$\cdots \{-\lambda[24r/\pi\varrho^2 + 3\pi/\varrho + 4\pi r^3/3]\},$$

ISSN 0084-098X

Die Autoren

- geben eine Einführung in die Theorie der zufälligen Mengen, der Punktprozesse und der zufälligen Maße
- beschreiben wichtige mathematische Modelle für zufällige geometrische Strukturen
- behandeln Hilfsmittel zur statistischen Analyse und formelmäßigen Erfassung zufälliger Muster
- stellen die Grundlagen der Stereologie dar
- wenden sich an Naturwissenschaftler, Mathematiker, Werkstoffwissenschaftler und Ingenieure

WISSENSCHAFTLICHE TASCHENBÜCHER

Kolibri 360 GmbH
Ferdinand-Jühlke-Straße 7
99095 Erfurt, Deutschland
produktsicherheit@kolibri360.de